經營顧問叢書 ㉚⑨

U0034852

商品鋪貨規範工具書

黃憲仁　任賢旺　吳清南/編著

憲業企管顧問有限公司　　發行

《商品鋪貨規範工具書》

序　言

　　鋪貨不成功，根本沒有在商店露過臉，是商品上市最大的陷阱。

　　市場競爭是殘酷的，商品沒有鋪貨，就要出局，就會死亡。「即使你是世界上最好產品，但如果消費者不能在商店賣場買到它們，你就無法完成銷售。商品銷售之前，如果鋪貨不成功，就注定被市場所淘汰！」

　　本書是針對商品鋪貨工作事項，專為經營高層、營業幹部而撰寫的實務工具書。本書以具體方式解說「如何才能商品鋪貨成功」，書內方法具體實務，例如：鋪貨計畫工作？如何鋪貨？要追蹤那些效果？如何分析鋪貨績效？如何追查陳列效果？如何瞭解零售店、消費者、競爭對手反應？營業員如何執行鋪貨工作？先前的培訓工作重點在那？鋪貨的工作流程？標準話術？商品包裝對鋪貨的影響？如何搶佔陳列陣地？零售店內的理貨工作有那八大要訣？如何提升零售店的銷售意願？如何管理市場上的價格？如何採行促銷辦法？…………所披露的實例方法，都是專家、顧問師的實務

成功經驗。

　　本書由黃憲仁主寫，再由任賢旺、吳清南配合完成，三位作者
俱為資深的行銷顧問師，行銷培訓班講授、行銷著作皆豐富，並且
在顧問界每人都有 15 年以上的行銷輔導經驗。本書內文實用性很高，
所附的實例與對策，都具體可用，實用性相當高，是不輕易外露的
內部資料，希望能為貴公司的商品鋪貨帶來幫助！這是本書最大的
喜悅！

2014 年 12 月

《商品鋪貨規範工具書》

目　錄

第一章　商品鋪貨重要性 / 8

鋪貨是企業在短期內開拓目標市場的一種管道營銷活動，是快速啟動市場的重要基礎。鋪貨活動有助於提高產品的知名度，增加與消費者見面的機會。

第二章　商品鋪貨計畫 / 30

完善的鋪貨計畫，是鋪貨成功的前提，企業應根據產品類別制訂不同的鋪貨計畫，為保證計畫的順利完成，必須有正確

的目標，制訂的鋪貨目標，要有層次，清晰明確，數量化，並且是可以達到的。

第三章　商品鋪貨的具體工作 / 58

為實施鋪貨做好準備，是鋪貨前最重要的階段。要對鋪貨區域進行市場調查，確定該市場的進入方式，要先對重點終端鋪貨，並做好鋪貨記錄。在鋪貨工作結束後，企業還要做回訪工作。

第四章　商品鋪貨的業務員工作要項 / 103

有效的鋪貨，應當由相當瞭解市場零售點的業務代表來進行，對業務代表進行事前鋪貨培訓，不讓工作僅僅流於形式。透過規範的管理、認真有序的培訓、嚴格有效的實戰鍛鍊，使業務代表鋪貨成功。

第五章　商品鋪貨的造勢與激勵 / 146

鋪貨就難在鋪貨過程中所遇到的管道阻力，要實現迅速而成功的鋪貨，首要的問題是如何把鋪貨阻力減到最小，在實務中用得較多的就是鋪貨獎勵政策，為新產品順利進入市場，創造有利條件。

第六章　針對大賣場的鋪貨促銷 / 182

　　零售賣場是廠家產品與消費者直接面對面的場所，是產品從廠家到達消費者手中的最重要一環，因此零售賣場對企業成功快速鋪貨至關重要。擁有最佳銷售機會的大賣場，是最重要的分銷管道，掌握大賣場對鋪貨意義重大。

第七章　商品鋪貨的陳列工作 / 216

　　鋪貨的目的在於促進商品銷售，商品陳列空間、陳列面、陳列高度、陳列位置與陳列形態是決定陳列成功的六大要素。沒有陳列，就沒有銷量，為了吸引顧客的目光，產品能賣得好，應讓消費者想要的東西「容易看到」、「容易挑選」、「容易拿取」。

第八章　商品鋪貨後的追蹤工作 / 241

新產品上市鋪貨後，要對銷量追蹤，迅速發現問題和異常跡象，做好應對措施。追蹤消費者的各種反應，競爭者的反應，遇有問題有效化解。

第 一 章
商品鋪貨重要性

鋪貨是企業在短期內開拓目標市場的一種管道營銷活動，是快速啟動市場的重要基礎。鋪貨活動有助於提高產品的知名度，增加與消費者見面的機會。

1 鋪貨績效決定銷售成敗

鋪貨又叫鋪市，是企業在短期內配合經銷商（上線經銷商與下線經銷商）開拓目標區域市場的一種市場作業活動，主要是由企業與經銷商的業務人員合作，按既定的路線逐一拜訪經銷商的下游客戶（主要是零售商），並向客戶詳加解說，開展說服工作，使客戶同意銷售本企業產品的過程。簡言之，鋪貨就是將產品「鋪進」市場的各個角落（主要是指零售店）。

能否快速有效的鋪貨對企業來說意義重大，鋪貨是市場快速啟動的重要基礎之一。鋪貨有利於產品快速上市，有利於建立穩定的銷售網站，有利於造成「一點帶動一線，一線帶動一面」的聯動局

面。

鋪貨是一種非常有效的行銷作業。除了日用品、藥品、食品業可以廣為鋪貨外，其他行業只要具備下列兩個條件均可進行鋪貨作業：一是行業與零售店之間有銷售管道；二是該行業零售店很多，廠家不可能跟所有零售店直接鋪貨。

鋪貨就是將廠家的產品由上游經銷商迅速流向下游零售店，使產品的流通及銷售速度加快，充分發揮「推式戰略」的功能。

對新產品而言，快速有效鋪貨可以幫助其搶灘登陸面市。一旦鋪進零售店，該零售店有可能會長期向經銷商進貨。

鋪貨能迅速將新產品鋪進市場的每一角落，便於消費者購買。

鋪貨使新產品得以陳列、面市，有助於提高產品的知名度，且成木較低。

通過鋪貨作業可掌控經銷商，使其經營本廠家的產品。

在零售店資金有限的條件下，鋪貨可以使購買本廠家產品的同時減少對競爭產品的進貨。

如果一種產品在市場上舖不開，缺乏陳列機會，即使它的品牌再好、知名度再響，對企業的銷量也毫無意義，因為它很難撲進消費者的懷抱。寶潔公司說：「你是世界上最好的產品，有最好的廣告支援，如果消費者不能在售點買到它們，就無法完成銷售！」而鋪貨就是要解決這一問題。

一個曾經赫赫有名的品牌，如今卻成為被人們遺忘的品牌，重要原因在於忽視終端建設。在許多場合都無法見到，這無疑是產品銷售管道不暢的表現，要麼缺貨，要麼脫銷，在終端市場的舖開率很低。銷售管道決定著消費者能否順利地購買到產品。管道不暢，產品在銷售終端舖開率不高，那麼即使廣告做得再好也是徒勞。

　　銷售工作要實現兩個目標：一是如何把貨鋪到消費者的面前，使消費者買得到；二是如何把貨鋪進消費者的心中，讓消費者樂得買。鋪貨就是要解決這兩個問題。

　　什麼是鋪貨呢？鋪貨指的是製造商與經銷商（或上線經銷商與下線經銷商）之間的相互協作，在短期內開拓目標區域市場的一種管道營銷活動。

　　具體來講，鋪貨過程包括以下活動：廠商的銷售代表跟隨或駕駛本公司的貨車（或由經銷商派車），裝載本廠的產品送至所有終端售點（包括商場、超市、街頭雜貨舖、夫妻店等），有時也包括拜訪下線的經銷商。

　　一般鋪貨活動多針對公司新近推向市場的產品，包括全新的產品，只要使新產品順利地進入了市場，鋪貨活動就宣告結束，通常在 3 個月內結束。

　　鋪貨能迅速地將新產品鋪進市場的每一個角落，以便廣告活動展開後，消費者能方便地購買到該產品。同時，鋪貨能創造新產品的行情價。對新產品而言，鋪貨就是搶灘登陸，鋪貨即「擠貨」。產品一旦鋪進商店，該店便可能成為產品的永久陣地，同時佔用了零售商的有限資金，降低了競爭產品進貨的可能性。因此，鋪貨是零售店終端管理很重要的一環。

　　鋪貨前，應該先瞭解企業產品的檔次和消費群體，可以幫助你理性決定產品要進入那些終端。例如，日常消費品選擇臨近居民區、家屬院的零售店、便民店；而以兒童為目標對象的產品，要以家屬區和學校週圍的經銷商和零售店為主。倘若中高價位的產品放在便民店鋪貨，結果只能是投資大、見效少。因為這裏極少有你的目標消費者，其購買和消費的過程幾乎不會在這裏發生；而低檔的小商

品非要進入以高消費者爲主的大商場也純粹是浪費精力。

　　光瞭解產品的特性和目標消費者，並不等於你的鋪貨工作就可以開始了，你的營銷目標是什麼？第一階段要達到什麼營銷目的？第二階段、第三階段呢？什麼樣的管道設計能讓你的產品最大可能地被目標消費者熟悉、認同？以女性護理產品爲例：假如你第一年的營銷目標是讓消費者體驗並認知你的產品特性，意在改變她們原有的消費習慣，那麼推廣費用較少的專業人員口頭推薦和傳播，就比大量的廣告投入要有效且安全得多，因爲消費者很少會盲目地憑藉廣告去購買這種產品，除非專業人員向他們多次推薦。瞭解了這一點，就可以將第一階段的鋪貨目標重點放在那些醫藥公司、藥店、醫院等終端，鋪貨推廣的主要目標也就放在那些醫務人員或者藥店售貨員身上，等到產品在目標消費者中間形成一定消費習慣時，再增大廣告的推廣幅度，並且準備向那些商場、超市的醫藥和女性專櫃進軍。因爲消費者已經形成了一定的購買習慣，所以這階段的鋪貨目標主要是讓消費者能隨時隨地地購買到產品。

　　鋪貨有幾種特性，第一個是時間短暫性，一個目標區域的鋪貨一般在三個月內結束。第二個是開拓快速性，鋪貨是企業集中優勢人力、物力、財力等，高效、快捷地在目標區域開拓批發商、零售商和消費者。第三個是留下深刻印象，鋪貨時企業通過人員推銷產品、試用產品、招貼廣告、贈送促銷品等，能給大小批發商、消費者留下較深刻的印象。

　　實施鋪貨，它的優點在於：

　　1. 鋪貨有利於產品的快速上市及其市場價的初步形成；

　　2. 鋪貨有利於建立產品的銷售點及產品品牌的潛意識滲透；

　　3. 鋪貨有利在銷售通路上，企業與批發商、零售商、消費者的

情感溝通；

　　4.鋪貨有利於形成點線面的聯動局面；

　　5.鋪貨是一次很好的廣告形式；

　　6.鋪貨有利於培訓員工的溝通、談判、協調等能力；

　　7.鋪貨有利於對市場更深入地瞭解。

2 產品在銷售點買不到，銷售就沒完成

　　鋪貨是一種有效的營銷作業，對於增加與消費者見面的機會，佔領市場有很大的意義。廠家和經銷商做好鋪貨管理，可以較快地提升銷量。

　　鋪貨即是廠家配合經銷商進行的貨物流通的市場作業，也是企業與經銷商（或上線經銷商與下線經銷商）之間相互協作，在短期內開拓目標區域的一種市場營銷活動。由廠家與經銷商的業務人員在目標市場中，按既定的路線逐一拜訪經銷商的下游客戶（以終端為主），並向客戶詳加解說，促進客戶進貨的過程。簡言之，「鋪貨」就是將產品「舖進」市場的各個角落（主要指零售店）。

　　鋪貨有利於產品的快速上市及其市場價的初步形成；有利於建立產品的銷售點及產品品牌的潛意識滲透；有利於在銷售通路上，企業與批發商、零售商、消費者的情感溝通；有利於造成「一點帶動一線，一線帶動一面」的聯動局面。如果銷售貨失敗，將會打擊營銷人員和經銷商推銷產品的積極性，增加企業後續工作難度。

　　「鋪貨」是一種非常有效的市場營銷作業方式。除了日用品、

食品業、藥品這幾個行業可以廣為「鋪貨」外，其他行業如果具備以下兩個條件也可進行「鋪貨」作業：

⑴該行業主要靠零售店面向市場。

⑵該行業零售店很多，廠家通過中間管道的批發商、經銷商，而與零售店交易。

⑶使產品從上游經銷商迅速流向下游零售店，加快產品的流通及銷售速度，充分發揮「推式營銷」的功能。

⑷對新產品而言，通過鋪貨，可以迅速搶灘登陸終端市場。一旦鋪進零售店，可以在市場站穩腳跟，並且該零售店有可能會長期向經銷商進貨。

⑸能迅速將新產品鋪進市場的每一角落，增加產品與消費者見面的機會，便於消費者購買。

⑹創造新產品的行情市價。

⑺新產品得以陳列、面市，有助於低成本、提高產品的知名度。

⑻可激勵和掌控經銷商，使其積極經營本廠產品。

⑼零售店在用有限的資金購買本廠家產品的同時會減少對競爭產品的進貨。

⑽將本廠家產品以「統一價格」以鋪貨形式賣給「限定區域」的零售店，通常在進行「鋪貨」作業時有廠家銷售人員在監督，所以「鋪貨」能避免「市場價格混亂」和「竄貨」現象出現，能有力地維持市場秩序。

3 各種鋪貨形式

1. 地毯式鋪貨

即將區域內所有餐飲終端均納入鋪貨對象，目的在於通過市場覆蓋率的迅速提升，快速提升品牌影響力。這種鋪貨形式比較常見於以大眾型消費為主的酒類品牌。如 A 牌啤酒為全面佔領市場，利用大量三輪車隊開展地毯式鋪貨，見店就鋪，見鋪必鋪，通過鋪貨率的最大化，迅速提升終端市場佔有率。

2. 面式鋪貨

即選擇區域市場內一定數量的影響力較強的終端作為鋪貨對象，強化產品的較高鋪貨率，增加產品與消費者接觸的機會，提升品牌競爭力。這種鋪貨形式適用於中高檔品牌入市，如某中高檔白酒產品進入某地級市時，選擇交通便利、客流量大的 80 家 B 級店作為鋪貨對象，迅速提升產品的覆蓋率和品牌影響力。

3. 點式鋪貨

即選擇區域市場內少數領袖型終端進行鋪貨，打造品牌「旗艦店」，通過領袖終端影響力，以點帶面，提升市場覆蓋率。這種鋪貨形式適用於超高檔品牌，如某洋葡萄酒品牌進入某城市，首先選擇市內 4 星級以上酒店 20 家作為鋪貨對象，在品牌超級貴族地位迅速樹立起來之後，再將鋪貨重點放到 A 級店上。

4. 打擊式鋪貨

自身實力強大，相對於區域競爭品牌有明顯的競爭優勢的品牌入市，可以選定主要競爭對手的品質型終端零售店，在高利潤、大

促銷等利益的刺激下，使產品鋪入終端，並通過週到的服務、高效的終端促銷快速提升產品銷量，在削弱競爭對手的競爭優勢的同時，提升自身終端影響力。

5.迴避式鋪貨

目標市場競爭對手品牌實力和終端控制力較強，而自身品牌實力較弱的品牌入市，為防止競爭對手迅速反應進行反擊，可採用迴避式鋪貨，即避開強勢競爭對手的鋒芒，從競爭對手實力薄弱的區域或競爭對手空白或非品質型終端入手進行鋪貨，最終實現連點成面，層層包圍，區域分割的方式，提升自身終端競爭優勢。

心得欄

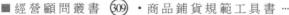

4 商品鋪貨的常見偏失

　　產品在售點買不到，鋪貨就沒有完成。在實際的市場運作中，之所以會出現鋪不進、鋪進了賣不動或者買不到的現象，這與目前企業鋪貨觀念陳舊，對鋪貨缺乏科學認識，以及企業對鋪貨的過程與技巧缺乏全面深入的瞭解有很大關係。許多企業在鋪貨思路上走進了怪圈，例如鋪貨目標過大，達不到預期效果；或鋪貨缺乏有效定位，鋪出貨卻銷不出去；或企業盲目追求鋪貨率和銷貨量等。目前鋪貨的偏失，歸納起來，突出表現在以下幾個方面：

1. 混淆鋪貨的概念

　　現在有相當一部份企業對鋪貨的概念不是很明確，往往把鋪貨與給經銷商送貨或促銷等混為一談。

　　有的企業認為鋪貨就是變相轉移庫存，他們認為，不論通過什麼方法和手段，只要將產品賣給了分銷商，鋪貨工作就算完成，他們也就萬事大吉。至於如何去賣，賣給誰，那是經銷商和分銷商的事情。企業認為鋪貨是經銷商的事，鋪貨是其應盡的責任和義務，而經銷商卻認為鋪貨是企業的事，企業來人了就鋪，不來人就靠自然銷售。他們彼此的依賴心理都很強，沒有真正把市場看做是共同、共有的市場。

　　還有企業認為鋪貨就是進行促銷。只有做市場促銷了，才真正地提勁去鋪貨。沒有了促銷，鋪貨好像沒有了支撐，沒有了意義，也就無關緊要；至於平時，只是簡單的產品配送。

　　還有一些企業認為鋪貨等同於送貨，即使是客戶提前訂貨，也

認為是出去鋪貨。他們沒有真正地理解和把握鋪貨的真正含義，以致「錯把送貨當鋪貨」。

2.鋪貨目標不明確

(1)目標過大，不切合實際

有些企業缺乏有效的市場調研與預測，其鋪貨目標的制訂並不是建立在分析市場機會及企業優勢的基礎上，而是靠個人主觀臆斷做出決策。這些企業盲目地花費大量的人力、財力、物力開展鋪貨工作，而很少願意抽出部份資金在鋪貨之前對目標市場、銷貨對象等狀況進行必要的瞭解和分析，造成了資金的浪費。例如，化妝品的終端鋪貨主要或首先應當在大商場或大賣場實施，而大商場(或大賣場)總是集中出現在大、中型城市，面對的是城市消費水準較高的人群。但是，一些品牌的目標消費者並不在大商場(或大賣場)購物，而硬要將貨鋪進大商場，死拼終端，縱然聲勢很大，結果還是回應者寡、零售量差、品牌遭冷落。這種「消費不對稱」的終端鋪貨給企業，特別是中小企業帶來的打擊很可能是致命的。

(2)目標缺乏層次性

鋪貨目標必須有主次之分，先鋪那個市場，後鋪那個市場；是先鋪市區的市場，還是先鋪週邊市場，都應該明確規定。如某服裝在開發河南市場時，先是以鄭州為龍頭，然後通過鄭州市場的影響力迅速輻射週邊城市，接著又帶動了全省市場的發展，效果良好。很多企業往往因為銷貨目標主次不明、缺少條理性而致使鋪貨效果不佳。某乳製品企業在制定鋪貨目標時就忽略了這個問題，花了大量的費用，在5月份同時進入農村地區市場，市場範圍大，需要的銷貨人員多，各種成本花費也高，儘管把產品鋪向了市場，可農村市場終端很分散，需要投入大量人力，而農村乳製品的需求量也比

較小，很多銷貨人員無功而返。由於農村的投入過大，牽制了市場的銷貨，導致整個市場計畫的失敗。

3.缺乏可行的鋪貨計畫

(1)計畫過於籠統、不具體、無標準

很多企業的鋪貨計畫是不具體、非量化，甚至是無標準的。有些廠家以為終端鋪貨無非是擺擺貨、上個導購、發點贈品、掛個燈箱、搭個臺子演戲等，公司方面沒能提供合理的標準以供遵照執行。

例如，某企業的鋪貨計畫只是籠統寫著「×年×月～×月，將產品 A 全部鋪到 H 市場」，「要在 3 個月內，將貨物鋪向全國大部份的市場」，「力求在 2 個月內打開北方地區市場」等。這裏面的「全部」、「大部份」是以什麼作為衡量標準的？鋪貨的目標顧客是誰？是經銷商？批發商？超市還是百貨商場？具體到每天每月的鋪貨時間計畫是什麼樣的？具體工作流程如何執行？鋪貨工作由誰來執行？採用何種方法或策略進行鋪貨？鋪貨的標準是什麼？執行後的結果如何測評？

像某些企業那種對待鋪貨採取「自然主義」的做法，鋪貨的結果五花八門，千奇百怪，這樣既不能有效提升現場銷量，也不能起到推廣品牌的作用，甚至嚴重損害品牌的形象。可以說，計畫是後續工作的基礎，沒有週密可行的計畫，後續執行包括產品推廣、促銷、理貨、售點導購等工作根本無法正常操作，即使強制執行也會漏洞百出，無法達到企業鋪貨的最初目的。

(2)計畫無法實施

有些企業在制訂計畫時根本沒有經過調查，憑想像辦事，沒有充分考慮產品鋪貨時會遇到的各種問題，如經銷商不願合作，競爭對手提高市場進入壁壘，產品在銷貨初期遭到消費者的投訴等，使

得計畫無法實施。如一家化妝品生產廠家本來計畫進入某區域市場，可由於前期競爭對手的產品已經全部佔領了市場，而且競爭對手在得知這個情況後，將價格下調了，產品進入市場也是無利可圖。面對競爭對手設置的障礙，只好放棄，當然計畫也無法實施。

5　鋪貨管道的偏失

　　一般情況下，產品從企業的生產線上下來之後，通過經銷商，到達零售終端的貨架，然後再與消費者見面，從而實現管道起點和終點、生產者和消費者的連接。管道選擇是順利實現產品快速鋪貨的關鍵，也是許多行銷人員頭疼的一道行銷難題。試想一下，如果企業的產品在分銷管道中待得時間太長，前進速度太慢，怎麼可能快速搶佔終端。一些企業在終端爭奪的實戰中往往對管道選擇存在一些錯誤認識。如何解決這些問題，是企業快速搶佔終端市場的重要一環。

1. 自建網路比利用經銷商鋪貨快

　　有些企業認為自己實力強大，不願意將利潤分割給經銷商，想直接利用自身的網路和資源，擔當起鋪貨的職能，並直接將產品銷售給終端和消費者。理由是這樣做有許多好處，如便於控制、便於指揮、快速、安全、靈活、省錢等。

　　果真如此嗎？真的快速嗎？未必。由於路途遙遠和信息阻隔，總部未必完全清楚分支機構的所有情況，而以區域市場為基礎建立的各分支機構只對總部負責，相互間缺少協調，經常畫地為牢、互

成壁壘、各自為政。攤子鋪得太大、組織臃腫、鋪貨的回饋信息由分支機構傳回給總部，總部再做出決策，發出指令，這中間的時間跨度可能會很長，一有情況往往很難做出迅速反應，緩慢的信息傳遞和決策很可能就延誤了產品進場的最佳時機。而且分支機構中損公肥私、與合作夥伴串通行騙、死賬呆賬、攜款出逃的現象比比皆是，很不利於企業在二、三級市場的鋪貨。此外，實際運作中的人員開支、廣告、市場推廣等鋪貨費用的投入往往是居高不下。

2.經銷商越多越好

「經銷商越多，銷量越大」，一直是一些企業在鋪貨過程中遵循的一條定律。而在實際的市場運作中，過多的管道網路，很可能會面臨以下問題：市場狹小、僧多粥少，經常出現竄貨、惡性降價等管道衝突現象，管道政策難以統一，廠家的鋪貨政策難以貫徹；服務標準難以規範，服務要求的執行往往會流於形式。當然，也要根據產品的屬性不同選擇不同數量的經銷商，如快速流轉類消費品，因為銷售該類產品的零售終端眾多，所以需要廣泛的經銷商進行網路延伸，從而保證快速鋪向終端；而保健品的經銷數量和結構則需要合理規劃。

3.管道越長越好

選擇正確的管道類型是管道策略的重要內容。短寬和長窄管道類型是目前企業廣泛採用的兩種類型。管道寬窄取決於管道的每個環節，至關重要，所以有人宣稱「得管道者得天下」。

日用消費品由於消費對象高度分散、購買頻率高、銷售環節相對較多，因而企業在鋪貨過程中，常認為長管道比較合適。事實上，管道並非越長越好。

在長管道中，產品一般是通過一級批發商、二級批發商和三級

批發商，最後到達零售終端的。這種模式的好處在於能夠利用中間商的資源，缺點是對管道的掌控能力較差。長管道存在很大的弊端，戰線拉得過長，對業務人員和經銷商的管理難度加大，更加大鋪貨上架的難度；信息傳遞不暢，企業難以有效掌握終端市場信息，交貨時間延長，延誤有效佔領終端的時機；產品損耗會隨管道的加長而增加，企業的利潤被分流，最終影響到企業佔領終端所能投入的費用和實際成本。

事實上，管道扁平化是當今管道行銷的發展趨勢，「超越一批，超越二批，直接向終端鋪貨」可能會成為今後很多廠家的願望。

曾經紅極一時的保健品企業，在其鼎盛時期的直銷市場比率就佔整體銷售額的 40%以上。採用短寬型管道，企業可及時把握市場信息，並可靈活調整戰略。同時由於管道環節少，還可加快資金週轉速度。

一般情況下，消費週期比較短、重複消費頻率較高的快速消費品，如乳品，就適合採取短而寬的管道，既有利於覆蓋廣闊的市場，也能節省鋪貨成本。

4.將終端鋪貨工作「全委託」

有些企業認為將貨鋪到終端很費時間和精力，於是想到採用招商的方式，動不動就全權委託經銷商代替自己進行終端鋪貨，認為選了很多經銷商，也簽了協定，產品就會很快鋪出去，而且實現很好的銷售，這只是一相情願的想法。殊不知，招商成功後卻可能導致產品過早夭折。

⑴有的企業迷信大手筆玩招商，結果經銷商太挑剔，與其誠信合作十分困難，企業因期望值太高結果信心受挫。

⑵也有很多中小企業存在短期心態，他們只追求短期贏利，至

於招商制度是否合理，行銷方案是否完善，是否適合不同區域的推廣運作，是否有利於企業的長期發展，他們一概不考慮，能招到錢就行；更有甚者為斂財專門招商，打一槍換一個地方，至於產品能否成功，市場能否持久，完全不去管它，聽之任之。

⑶有的企業招商非常順利，一下子就將產品鋪遍了，可謂成功之極。儘管其策劃方案做得非常完美，管理制度十分嚴謹，行銷武器一應俱全，經銷商的信心也非常足，但由於行銷隊伍力量薄弱，隊伍規模滿足不了市場擴張的需要或者廠家的鋪貨跟蹤不力，無法對偌大的經銷商隊伍進行及時的跟進服務，到頭來只能顧此失彼，貽誤良機。多數經銷商對廠家的行銷跟蹤指導都寄予了厚望，希望能夠得到廠家更多的支持，包括市場啟動、媒體運作、廣告支援、隊伍培訓、終端及促銷管理等諸多方面。一旦廠家鋪貨太快，經銷商隊伍急劇增加，缺少廠家的支持，經銷商自然積極性不高；而廠家失去駕馭市場的能力，就有可能導致整個行銷鏈條斷裂而最終失敗。

⑷絕大多數企業與經銷商之間是純粹的交易關係，受利益因素的驅使，部份經銷商可能會出現「變節」行為。

隨著競爭的加劇，新型的管道關係已經出現，企業常常會與經銷商建立戰略夥伴關係，雙方在軟硬體上相互支持和配合，共同開拓市場。從這個層面來說，選好經銷商只是「萬里長征」的第一步，大量的工作還在後頭，如促銷、技術指導、人員培訓、售後服務等。更危險的是，過多地依賴經銷商會使企業喪失對市場變化的適應能力。經銷商的選擇，只是終端佔領前的一個重要環節，但不是鋪貨的全部，產品鋪貨離不開企業和經銷商的協作與努力。

5.管道覆蓋面越寬越好

許多企業在標榜「網路制勝」的模式，也跟風似的認為管道面越寬，產品與消費者面對面的機會就越大。但管道果真越寬越好嗎？

事實上，中小企業不一定有足夠的資源和能力去關注每一個環節的運作。而建設和維持網路運作的費用往往是相當高的。而且這些企業管道管理水準的制約決定了其難以擁有與寬管道相匹配的經銷商管理、資金管理、物流管理、信息流管理等的管理。而單純追求靠增大覆蓋面來鋪貨，難免會產生疏漏或薄弱環節，容易給競爭者留下可乘之機。

6.經銷商越大越好

有的企業認為選擇的經銷商規模越大，自己的產品就越有機會快速佔領終端。的確，經銷商正在經歷不斷整合擴大的洗牌運動。但是，大的經銷商就一定適合每一個企業嗎？像家電管道裏面的幾大巨頭不正給企業構成了嚴重的威脅嗎？經銷商實力越強，其議價能力也越強，提出的條件也往往很苛刻。實力強大的中間商很可能會同時經銷競爭對手的同類產品，以此作為討價還價的籌碼。對於中小企業來說，他們與實力強勁的經銷商一般都不是一個重量級的，在進行鋪貨上架談判的時候往往很被動。而且大經銷商不會投入很大精力去推一個不能馬上帶來利潤且不知名的品牌。中小企業希望借中間商的知名度和實力迅速佔領終端，但因為實力不對等，很容易受制於對方，甚至可能會失去對銷售的控制權。

6 鋪貨管理中的不當

1. 鋪貨的時機把握不準

產品推向市場，選擇時機很重要。企業選擇先促銷後鋪貨、先鋪貨後促銷，還是二者同時進行，要準確把握時機，但很多企業在實際操作中往往錯失良機。

(1)鋪貨與促銷活動脫節

有的企業促銷活動已經投入很久，產品卻沒有及時鋪向市場，消費者在市場上找不到該產品。2002 年夏天，某飲料品牌在推向市場的過程中就犯了這樣的錯誤。促銷活動開始於 5 月份的世界盃開賽，而到了 7 月初，除了中南部份市場外，其他大部份市場連鋪貨工作都還沒有開始，產品還停留在代理商的貨倉裏。許多消費者在看了電視臺的廣告後，到超市都沒有見到芳蹤，令消費者大失所望。這種銷貨與促銷的脫節，不僅造成了促銷費用的浪費，而且終端鋪貨的積極性也受到了損傷。

還有一些企業其產品已鋪向市場，可各種促銷活動卻遲遲不見蹤影。有的企業，由於促銷力度跟不上，鋪了一半的貨，由於終端拉力和消費者拉力不足，貨物擺在貨架上，乏人問津，使得終端對此產品銷售產生了懷疑，不願再銷，要求退貨。很多企業在鋪貨過程中存在這種問題。

(2)季節性選擇不合理

一些季節性比較強的產品，要注重鋪貨季節的選擇，充分考慮產品的淡旺季問題。如白酒在銷售旺季，競爭很激烈，新產品進入

的壁壘相應也很高，不容易鋪貨，成本也很大。而選擇淡季進行鋪貨就不同了，淡季白酒的銷量少，競爭不激烈，市場進入壁壘較低，企業投入鋪貨的成本費用也少，淡季鋪貨還可以為旺季到來做充分的準備。

　　例如，某品牌的白酒在進入廣西市場時，選擇了在銷售的淡季──夏季銷貨，很多的白酒企業都處於休整狀態，廣告投入力度減小，進入酒店和終端的費用也降低了。企業就是利用這個時機，此白酒悄無聲息地擺在了各零售店和酒店的貨架上，冬季來臨之際，又投入大量的廣告費用，一舉取得了成功。

2. 鋪貨人員使用不當

(1) 沒有充分認識到鋪貨人員的重要性

　　部份企業認為鋪貨是一種簡單的推銷過程，鋪貨人員的工作是一種悠閒的工作，只要在市場上轉轉就可以了。所以，在選擇鋪貨人員時，根本沒有考慮其必備的素質，只是隨便從社會上招收一些人員，或是從單位中隨便找幾個「能人」，分給他們不同的市場，讓他們自己去招聘自己的鋪貨人員，使得鋪貨人員的素質參差不齊，鋪貨品質無法保證。

(2) 鋪貨人員的素質不高

　　鋪貨人員本身代表企業形象和產品形象，但有些企業的鋪貨人員自身文化素質不高，產品相關知識匱乏，既會影響產品形象，又還影響著整個品牌的形象。

(3) 缺少市場開拓經驗與能力

　　在鋪貨過程中，遭遇客戶的拒絕是常事，「價格那麼貴，沒法賣」、「我們已經有其他同類產品」等。作為一個初入道者，沒有經驗，很容易產生挫敗感，動搖信心；說服賣場時，抓不住終端商與

25

企業合作的利益點，吸引不了終端銷貨。而一個經驗豐富的鋪貨員明瞭客戶的真正需求，可以抓住時機，從雙方的利益點出發說服客戶。鋪貨人員相關經驗和能力的缺乏，是很多企業產品鋪貨不能到位的重要原因。

3.經銷商隊伍培訓跟不上，執行不到位

經銷商不是企業主，對於鋪貨的產品未必全部瞭解，對其市場操作策略也可能是一知半解，他們大都寄了很大希望於廠家的跟蹤服務。這時需要廠家耐心地進行教育培訓，特別是培訓經銷商的隊伍。經銷商隊伍的能力是不均等的，有的行銷人員從沒進行過正規的培訓，做慣了坐商的生意，讓他們主動去推廣產品比登天還難。所以，即便廠家能提供再好的方案，經銷商的隊伍再龐大，如果執行不到位，市場還是做不起來的。

培訓經銷商不能只培訓經銷商老闆，更要培訓他們的行銷經理、行銷員、促銷員，這樣才能保證執行的真正到位。

4.管理和監督力度不夠

終端鋪貨的環節較多，某一個環節操作不到位，都可能「漏水」，發生問題。所以，終端鋪貨最需要過程管理（包括考核、審計、獎懲）和監督。有些廠家儘管十分用力地在終端環節做某項工作，卻沒有或缺少對應「各環節」的管理制度和操作流程，在實際操作中，不是程序脫節，就是執行不到位；最為突出的問題是「浪費財物」、「偷吃費用」、「費用超標」等情況。

(1)對鋪貨人員的監督力度不足

許多企業在把鋪貨人員派出去的同時，還要求其填寫《鋪貨一覽表》、《客戶調查表》及《市場調查表》。通過表格的填寫，企業可以對鋪貨人員的工作情況進行監督控制，還可以從中及時瞭解終端

動態，建立客戶檔案，為以後建立客情關係打下基礎。但是有些企業對這一點並不是很重視，表格發下去了，卻缺少相應的方法及政策進行規範。有的鋪貨人員認真填寫了，廠家根本就不回收，更談不上整理分析。即使回收了，也是被堆在角落裏，無人問津，企業根本就不瞭解鋪貨工作的進展，當然也談不上監督。

此外，一些企業對鋪貨人員的鋪貨行為沒能進行有效監督。不同市場存在不同的情況，有的地方人們觀念比較新，易於接受新產品；有的地方傳統觀念比較濃，不易接受新產品；有的經銷商與廠家合作很好，可有的經銷商根本不願與廠家合作等。而部份廠家單純以鋪貨量、鋪貨率的多少或大小作為衡量鋪貨人員工作完成好壞的標準。鋪貨人員為了增加鋪貨量或提高鋪貨率採用各種不正當手法，如賄賂終端商暫時同意鋪貨，等業績評估期一過，鋪貨對象向企業退貨；虛報鋪貨業績；製造假報表等，其不負責任的行為給企業造成了很大的危害。

(2)不能及時制止經銷商短期行為

很多企業在鋪貨時把促銷費用、促銷贈品放心大膽地交給經銷商，但這些費用和贈品真的用於激勵鋪貨了嗎？某生產白酒的廠家為了加快白酒銷貨速度，在酒盒內放了數千枚金戒指並以此向目標客戶宣傳。但過了一段，消費者根本就沒有「喝」到金戒指，經調查發現，經銷商早已通過先進儀器的探測取走了酒盒內的金戒指。這種短期行為在部份經銷商身上時常發生，企業資源被浪費，也沒起到很好的促進終端銷貨的目的。

有的經銷商甚至利用企業鋪貨進行低價竄貨，擾亂市場。某食品企業為了促使產品迅速鋪向市場，抵制競爭對手，對某地經銷商實行進貨獎勵。例如：在 1 週內，凡進貨 20 件以上者、每 5 件贈

27

送 1 件；20 件以下者，每 6 件送 1 件。經銷商紛紛進貨，而為了增加進貨量，就將手中的貨物低價拋向市場，引起了市場混亂；而此食品企業又缺乏相應的監督機制，任其發展蔓延，終於被競爭對手擠出該市場。

5. 後期服務不到位

⑴貨物供應不及時

在鋪貨過程中，鋪貨人員承諾一旦鋪上的貨物售完，保證及時送貨。為了降低風險，開始的鋪貨量很少，銷貨對象先前鋪上的貨物已經售完，就向企業要貨，而有些企業正忙於其他市場的鋪貨，人員或運輸工具不到位，致使貨物無法及時送到。終端的貨架上沒貨，終端商由於無貨轉而經銷其他產品，給消費者造成斷貨的印象，好不容易建立的市場因貨物供應不及時而丟失。

⑵承諾無法履行

為了把貨物順利地擺到經銷商及終端的貨架上，很多廠家不惜口頭承諾「品質達到一流水準，包退、包換」、「終身免修」等，不管能否兌現，先把貨物鋪上再說。事實上，他們根本就沒有實力和能力去兌現，最終失去經銷商和終端的信任。還有一些廠家向經銷商承諾一旦鋪上貨，就給經銷商一定比例的返利，但在經銷商完成任務，向廠家要求返利時，廠家卻百般推脫甚至拒絕兌現，導致經銷商拒絕銷售廠家的產品，甚至採取竄貨的方式實施報復。

正是因為對鋪貨存在以上種種諸多不當，所以，才導致鋪貨工作僅僅停留在其中的一個層面，有的甚至還談不上真正的鋪貨，產生很多負面影響，不僅會打擊經銷商和零售商分銷本企業產品的熱情，還會打破企業的整體銷售計畫、增加企業後續工作的難度。而如果沒有真正地去挖掘鋪貨的真正要領，體會其中的奧妙，要想順

利將產品鋪到市場上，並實現產品從分銷管道到消費者的有效對接，將成為空談。

心得欄 ----------------------------------

第 二 章
商品鋪貨計畫

　　完善的鋪貨計畫，是鋪貨成功的前提，企業應根據產品類別制訂不同的鋪貨計畫，為保證計畫的順利完成，必須有正確的目標，制訂的鋪貨目標，要有層次，清晰明確，數量化，並且是可以達到的。

1 編制合理的鋪貨計畫

一、制訂鋪貨計畫的步驟

在實際操作中，鋪貨計畫的制訂一般要經過如下的步驟。

1. 瞭解和分析狀況

企業的業務代表必須詳細瞭解當前市場狀況、競爭對手及其產品狀況、經銷商和零售商的狀況，以及促銷工作條件等情況，並進行細緻的分析。所謂知己知彼才能百戰百勝。在此基礎上，企業的行銷部門開始進行鋪貨預測。這種預測要求行銷部門必須和其他部

門相配合。

2.制訂備選鋪貨策略

在確定了鋪貨目標以後，銷售部門要制訂出幾個可供選擇的鋪貨策略方案，以便對其進行評估，並從中進行選擇。

3.評估和選擇鋪貨策略

評估備選的鋪貨策略方案，權衡利弊，從中選擇最佳方案，並確定次優方案，以備不時之需。

4.綜合編制鋪貨計畫

由負責銷售的副總經理負責，把各銷售區域制訂的計畫彙集在一起，經過統一協調，編制每一產品的鋪貨計畫，包括鋪貨管道、鋪貨量、鋪貨費用、廣告、促銷等策略的計畫。簡要地綜合每一產品的鋪貨計畫，形成公司的全面鋪貨計畫。

此外，還應當對制訂的鋪貨計畫進行具體說明，包括實現目標的行動步驟分解，每個步驟之間相關次序，每個步驟由誰負責，每個步驟需要多少資源，每個步驟需要多少時間，每個步驟的完成期限。

凡是與鋪貨計畫有關的情況，都應詳盡地說明，如：以金額表示鋪貨數量的大小；企業目前市場佔有率有多大；預期的鋪貨量是多少；輔助鋪貨的廣告費多少；用於鋪貨的促銷活動的成本為多少，等等。

二、涉及的鋪貨九計畫

完善的鋪貨計畫是成功鋪貨的前提和基礎。鋪貨計畫的內容至少應包括以下幾點：

1. 產品計畫

產品計畫是指企業針對不同的地區、不同的類型終端，確定分別鋪什麼產品。企業的產品類別可能不止一種，即使只生產一種產品，包裝可能也會有所不同。企業在選擇在某區域市場進行鋪貨的產品時，一定要首先明確以下幾點：

⑴瞭解當地的消費習慣，如口味、規格、購買力；

⑵瞭解競爭產品在該市場的狀況：價格、促銷、經銷商實力、鋪貨率；

⑶瞭解本企業的產品資源。

企業應根據產品類別制訂不同的鋪貨計畫。首先根據去年同月份不同產品鋪貨量比例和過去三年左右不同月份同種產品銷售情況，計算產品類別的鋪貨比例，從中瞭解銷售較好的產品類別和利潤率較高的產品類別；然後，參照產品的鋪貨類別比例政策、有關意見和建議、產品需求預測等情況，對過去三年間和去年同一月份的產品類別鋪貨比例進行調整；最後，以調整過的產品鋪貨比例為基礎制訂產品類別鋪貨計畫。

2. 管道計畫

由批發商到零售商的分銷體制依然很盛行，眾多實力相對弱小的中小企業大多採取這種方式。而隨著連鎖零售業的發展，一些實力雄厚的大型連鎖超市可以直接和企業聯繫，把貨鋪到超市的貨架上，從而在企業進行鋪貨時，使企業有了更多選擇。企業在選擇鋪貨管道時應考慮以下幾個方面的內容：

⑴要搜集不同客戶，包括分銷商和大型零售商的產品鋪貨情況，對前一年同月的產品鋪貨情況要進行分析研究；

⑵要瞭解客戶的信用狀況、經營情況以及客戶與競爭對手的關

係；

　　⑶要瞭解客戶的經營方針，其中很重要的是零售商對促銷的態度；

　　⑷要明確目標終端的數量，即鋪貨終端的具體數量、單店鋪貨最低限量；

　　⑸要明確終端類別，即按 A、B、C 分類法，明確各類店的具體鋪貨數量。

3.費用計畫

　　鋪貨的固定費用一般應該包括在總的損益計畫的銷售管理費用中，並需要在年度計畫損益中表示出來。企業制訂鋪貨計畫時需要考慮以下內容：第一，需要參考過去的鋪貨費用等資料；第二，要根據企業的實際資金情況，列出計畫的適當金額；第三，要擬訂各月的變動費用計畫。每月的鋪貨固定費用計畫是用年度總計畫金額中的各個固定費用金額給予簡單的平均，進而計算出大致的月度鋪貨固定費用的金額。月度鋪貨固定費用的項目包含折舊費、銷售人員的工資和利息費用等。

4.業務代表組織計畫

　　鋪貨包括開發、維護、配送等內容，企業必須在數量和能力上保證人員到位。鋪貨前要對業務代表進行品牌文化、產品特點、利潤空間、服務優勢、競爭對手、客戶溝通、推銷技巧等方面知識的培訓，以提高鋪貨成功率。

　　而對業務代表鋪貨的過程管理更是十分重要的。要考慮以下兩方面的管理：

　　⑴每位業務代表都要與自己的直接上級一起確定未來一個月的重點行動目標，通過文字表達出來，要做到能夠量化。根據行動計

畫,主管人員要進行經常性的檢查、督促,以得到落實。

(2)建立以週為時間單位的行動管理制度。確定以月為時間單位的重點行動目標後,可以提出每週的行動管理和努力方向。許多的企業活動都是以「週」為一個循環單位的,如果每週的鋪貨執行工作做得不夠完美,就不會取得好的業績。

(3)以實現的營業日報表來檢查每週計畫的實施結果。鋪貨是一項緊張且充滿挑戰的工作,為了有效約束規範、激勵督導業務代表,鋪貨主管應根據每天的工作計畫和進度,把每天的鋪貨路線、工作內容、鋪貨目標明確到人,並嚴格考核,確保整體計畫順利實施。每天負責鋪貨的業務代表所呈報的營業狀況,都可以週的行動計畫為績效參考標準。只要將行動計畫與每天的實績相對照,業務代表的表現即可一覽無遺,充分達到銷售管理的目的。

5.鋪貨量和鋪貨率計畫

編制季鋪貨量和鋪貨率計畫時,要參考以下幾項內容:

第一,過去三年企業本身和競爭對手的鋪貨情況。銷售經理要收集和瞭解過去三年內以月為單位的鋪貨量,將過去三年內各月的銷售量累計起來,這樣可以根據每月鋪貨情況,看出因季節因素的變動而影響該月的銷售額。將過去三年間每月鋪貨量給予一定權重,進行加權平均,以確定企業未來的月度鋪貨量。

第二,企業發展計畫的鋪貨量。銷售部門要綜合考慮政治、經濟、社會變化等資料擬訂企業發展計畫的鋪貨量。

要通過召開會議的形式,逐項分析檢查計畫中所涉及的各項內容。最終所決定的數額是企業發展的基本鋪貨總額計畫,而各個地區的鋪貨目標可酌情提高,可作為該地區銷售部門的內部目標計畫。

6. 鋪貨時限與鋪貨路線計畫

確定鋪貨時限是指明確多長時間完成首次鋪貨。鋪貨是搶佔市場機會、打擊競爭對手的手段，必須強調時效性。鋪貨要迅速高效，否則引起競爭對手警覺和打壓，鋪貨就很難順利進行。

而確定鋪貨路線則是根據市場情況劃分幾條鋪貨路線，業務代表按路線鋪貨。每條路線有幾個售點、誰是重點、那條路線是重點都要註明，確保在重點終端鋪貨成功。

7. 廣告宣傳與促銷計畫

促銷必須有針對性，如針對終端老闆的促銷要解決「進得去」的問題，針對服務員的促銷要解決「樂意推薦」的問題，針對消費者的促銷要解決「樂意買」的問題。促銷必須多樣化、新穎化，如一次性進貨獎勵、累計銷量獎勵、堆頭展示獎勵、無賒欠獎勵、開蓋有獎獎勵、瓶蓋兌換啤酒獎勵等都是酒類企業經常採用的促銷方式。

廣告宣傳與促銷計畫主要包括以下幾個方面：

(1)與產品相關的促銷計畫，其中包括銷售系統化，產品的品質管制，產品的保鮮、衛生和安全性，專利權，樣本促銷，展示會促銷，產品特賣會等。

(2)與銷售方法相關的促銷計畫，如確定鋪貨點、鋪貨贈品和獎金的支付、招待促銷會、掌握節日期間人口聚集處的促銷、代理店和特約店的促銷、建立連鎖店、退貨制度、分期付款促銷等。

(3)與銷售人員相關的促銷計畫，包括業績獎勵、行動管理和教育強化、銷售競賽、團隊合作等。

(4)廣告宣傳等促銷計畫，如 POP(售點展示)、宣傳單、廣播電視、模特展示、目錄、海報宣傳、報紙、雜誌廣告等。

8.回款計畫

企業往往認為貨鋪到了商場或超市的貨架上，消費者購買了商品，鋪貨就算完成了。事實上並非如此。企業並非為了鋪貨而鋪貨，而是為了收益和利潤而鋪貨。如果貨鋪出去了，但沒收到賬款，企業就沒達到自己的目的，鋪貨工作就不能畫上圓滿的句號。因此，企業應當重視賬款的回收，制訂適當的回款計畫。回款計畫的主要內容有：

⑴客戶欠款回收計畫要配合以月為時間單位的鋪貨量和鋪貨率計畫進行。過去的收款實績等資料可作為分析參考。

⑵要求管理人員控制客戶款項的回收是相當重要的。

⑶注意提高客戶賬款回收率，縮短欠款的天數和欠款的數額。

一般來說，欠款天數=(客戶欠款餘額+本公司收受票據餘額)/日平均銷售總額。如果銷售人員僅僅認為使票據到期天數延長並不具有實質性意義，而需要通過確實計算欠款天數，並縮短欠款天數，賬款回收率才會有所提高。

9.鋪貨輔助服務計畫

鋪貨後服務計畫包括物流組織、終端回訪、促銷獎勵兌現、信息收集(售點和消費者的滿意度調查)、投訴處理、問題預警處理等。

⑴物流組織。高效的物流系統是鋪貨成功的必要硬體。如金星啤酒在城市終端市場運作中，專門成立市場開發處集中車輛對重點終端商鋪貨進行支援。

⑵問題預警處理。充分預估鋪貨中可能會出現的種種問題，如產品斷貨、物流效率差、競爭對手打擊、產品消化遲緩等，制訂應對措施。

在以上的幾項計畫內容中，鋪貨量和鋪貨率計畫是最主要的。

鋪貨量和鋪貨率計畫是鋪貨計畫的核心所在。

2 要先摸清轄區市場狀況

一、瞭解目標區域市場情況

在鋪貨的準備階段，企業首先應該對終端市場進行調查，摸清楚目標區域市場的相關情況。一般來說，終端調查的主要內容如下：

1.市企業在終端的情況

包括企業總體情況，企業產品情況等。銷售人員對所屬企業的歷史、規模、組織、財務及銷售政策等，都必須十分清楚、熟悉，以便能夠準確回答顧客的各種問題。如果一個銷售員對企業的情況毫不知曉，就會給企業的銷售工作帶來極大的困難或負面影響。

銷售人員還要對企業產品的構造原理、製造過程、使用方法、保養維修、交易條件等有充分的瞭解，以便能夠解答顧客可能提出的一切問題。

2.區域市場終端情況

包括整個市場的特徵，產品銷售整體狀況，消費者的消費趨勢、消費習慣，購買者性質、購買方式，商圈覆蓋範圍等。

3.終端客戶的情況

這裏所說的終端客戶主要是指與企業有合作關係的經銷商及終端賣場。業務人員對其訪問的客戶和企業的經濟、需要、傳統習慣等都必須十分瞭解，以便應付客戶可能採取的各種行動。

要瞭解的終端客戶內容包括四個方面：

⑴終端客戶硬體條件包括：終端客戶的名稱、企業性質（國營、私營、個體、外資、合資）、上級主管及股東背景、地理位置、經營者姓名、門店規模（經營面積、樓層數）、專用於售賣本類產品的面積、售賣形式（開架、櫃售、散攤、批零）、賣場硬體（冷氣機、電梯、休息區等）、週邊社區情況、週邊其他售點情況、成立時間（經營歷史）、同類產品進貨管道，同類產品的（日均或月均）出貨量、資產情況，其他經營項目等。

⑵終端客戶的軟體條件，主要是指終端客戶的人員狀況，包括與己相關的人員：總經理、部門經理、櫃組負責人、具體聯繫人、櫃組售貨員、財務、庫管、保安等等；主要關聯人員情況：職位、關聯點、在本單位工作時間、每月收入、圈內關係，性別、年齡、學歷、生日、家庭成員、性格特徵、業餘愛好等；聯繫方法：辦公室電話、家庭位址、宅電、手機、傳呼、電子郵件等。

⑶終端的經營狀況與口碑。包括①客戶去年及上月銷售整體數額：去年及上月本櫃組銷售總額；去年及上月同類產品銷量排行；同類商品營業額在本市區域所處的地位；已有競爭產品品牌種類及數量；②競爭產品進場條件：入場費、廣告費、售賣形式、加價率、結款方式等；主要競爭產品是否有導購；終端單位與競爭產品廠家關係密切程度；供應商之評價（實力、信譽、承諾兌現狀況等）；與同行（終端單位）之關係；呆死賬之傳說與實證；危機預測與防範等。

⑷競爭對手情況。對競爭對手的調查主要包括競爭產品對手的實力、替代品的銷售情況、消費者的認知度、市場佔有率、未來發展動向、競爭產品產品種類、競爭產品價格體系、利潤空間和返利、商品陳列與展示情況、促銷方式、市場管理。此外，還要對競爭對

手與客戶的合作時間、客情關係、客戶對主要競爭對手的評價等進行詳細瞭解，以便制定相關政策保證鋪貨順利地進行。

（註：有關轄區市場的經營管理，請參考本人所著作的另一本書：《營業部轄區管理規範工具書》）

二、瞭解目標區域市場情況的方式

在瞭解終端市場的過程中，企業應當做實做細，在一定成本的條件下選擇最有效的方式；而在調查環節中，調查人員應該儘量採用畫圖、填表、歸檔的方式記錄信息。瞭解終端的方法主要有：

1.逐戶訪問法

即我們常說的「掃街」式走訪、觀察。逐戶訪問是每一個業務人員都曾經經歷過的，也是最基本的瞭解客戶的方法。利用同學會名冊或客戶花名冊等進行問卷調查，徵詢購買意向，向他們推銷企業最新投產的產品，請他們對企業提供的服務提出改進意見，爭取他們成為產品的購買者。可以說，這是一種很具效率的瞭解和尋找客戶方法。這種方法能夠在較短時間內接觸到較多的準客戶。

逐戶訪問有兩種不同的形式：一是「一家過一家」；二是經過預先估計，找出可能性較大的幾家去訪問。逐戶訪問法的優點在於：能夠在較短的時間內訪問較多的客戶；可以在較短的時間內提高產品銷量；售後服務較為方便；被訪問的人數沒有限制，隨時可以發掘準客戶。這種方法的缺點是：遭到拒絕的情況比較多，浪費了一定時間；由於雙方對對方的情況都不是十分瞭解，因此接觸較困難。

2.關係了解法

這種方法要求調查人員充分利用各種關係來瞭解終端情況。

(1)與當地業內人士(批發商、商場人員)進行交流訪談

一般來講，這些專業人士是不容易說服接受訪談的，需要業務人員花費較長的時間和精力，所以一定要有耐心，要講究修養，要經常進行接觸。一旦說服成功，就會瞭解許多寶貴的經驗，會減少

許多失誤和減少不必要的浪費。

(2) 經銷商關係

　　與有業務往來的經銷商接觸時間較長，可以通過他們來得到一些相關信息。通過簽訂代理合約，選擇適當的銷售商、銷售網站、辦事機構等，讓他們作為企業信息的視窗，增加與社會各界的交往機會，讓他們成為企業瞭解市場的重要管道。當然，在這個過程中，企業是應該支付相應報酬的。

3. 名錄尋訪法

　　銷售人員利用登記名錄，以此為線索尋找潛在的客戶。

4. 競爭對手跟隨法

　　一般情況下，競爭對手也在花時間和精力瞭解市場的相關情況，因此，企業可以通過搜集競爭對手的相關信息，從中獲取對自己有用的部份。

5. 資料收集法

　　企業可以從網路或報紙刊物上搜集並查閱相關信息，比如調研公司、統計部門或新聞媒體的一些調研報告或文章。也可以利用自己原有的一些調研和資料，做一些經驗的類推。

6. 市場調查法

　　為了瞭解消費者的心理以及消費者對本企業產品的認知程度，企業也可以採取消費者調研，以便弄清楚消費者到底喜歡或習慣在那裏購買。這種方法的優勢在於可以針對本企業的產品有針對性地瞭解到第一手信息，但是這種方法受到時間、人員等多方面的限制，而且受統計規律的限制，在準確度方面還有待商榷。

3 商品鋪貨的準備工作

鋪貨的目的是為了實現有效銷售,較高的鋪貨率,只是保證了有較多的銷售通道,但廣種薄收沒有意義。如果鋪上終端的貨,不能實現有效銷售,終端得不到利潤,就會立即將你請出去,想要「二進宮」,難上加難,而且還會極大提高鋪貨成本。為了提高鋪貨的有效性,保證我們的產品「鋪得進、展得開、銷得出」,這就需要廠家與經銷商互相支持和協助,選用有經驗和能力的業務經理,策劃鋪貨計畫及推廣措施。一般鋪貨步驟包括以下幾點。

1.做好鋪貨前的準備

在這一階段,企業要做好正式鋪貨的各項準備工作,包括制定明確的鋪貨目標,摸清區域市場的狀況,精選分銷管道,建立快速鋪貨制度等。

(1)制定鋪貨目標。有了好的鋪貨目標,才能保證鋪貨工作的順利完成。好的鋪貨目標應當有層次、清楚明確、可以量化、可以實現,而且還要與企業的其他相關目標協調一致。

(2)進行「掃街」調查,建立區域市場終端地圖和檔案。

(3)建立規範鋪貨制度。在實施鋪貨之前,要先制定一個規範的制度,以利於鋪貨效果的評價與改進,也為企業對業務人員和經銷商的獎懲提供了依據。

2.「掃街」的工作

「掃街」最主要有兩個方面內容:

一是全數普查區域內零售終端客戶。普查內容分為經營信息和

基本信息兩大類。其中，經營信息主要包括門店性質、門店經營面積、經營狀況、購買者性質、購買方式、商圈覆蓋範圍，同類產品的進貨管道，同類產品的（日均或月均）出貨量、資產情況，其他經營項目等；而基本信息主要包括店面名稱、店面地址、經營者姓名、聯繫電話等。

二是主要競爭對手終端普查。普查內容包括競爭產品種類、競爭產品價格體系、利潤空間和返利、商品陳列與展示情況、促銷方式、市場管理、合作時間、客情關係、客戶對主要競爭對手的評價等。

為了保證「掃街」的計劃性、組織性，需要廠商業務員配合，事先制定調查表格、設計信息採集方式、規劃「掃街」路線，同時要落實時間計畫、參加人員、交通工具等。最好要求廠商業務員協助做成「掃街」工作「甘特圖」（線條圖），按圖索驥，以保證「掃街」工作的效率。「掃街」結束後，按照區劃和「掃街」路線分類建立終端信息檔案，以備制定進店方案和後期的終端維護。

3.做好業務人員的組織與培訓

業務人員素質是影響到鋪貨成敗的一個重要因素。業務人員是進行鋪貨的主力軍，對於企業來說，他們是企業的代表，是企業的門面，因此，企業能否快速有效地鋪貨，很大程度上取決於業務人員的品質與素質。因此企業要選拔（招聘）一些有豐富的市場運作經驗、推銷能力強的人才去開展鋪貨工作（有實力的企業可以成立專業鋪貨隊伍，專門用於企業的各地區鋪貨工作）。對已經確定的鋪貨人員，要請專家對之進行業務培訓，加強他們的推銷經驗和市場應變能力。

這一部份包括以下幾方面內容：業務人員的選拔與招聘、業務

人員的培訓、業務人員要學會與經銷商打交道、業務人員要維護長期的客戶關係。

4.設計終端進入方案，制訂鋪貨具體實施計畫

企業在選擇鋪貨方法與策略時有許多備選方案，可採取拉式策略，即從消費者著手，通過廣告、公關、促銷等手段，激發消費者的購買慾望，利用消費者的需求拉動企業產品從供應鏈的上游鋪到下游；也可採取推式策略，即從經銷商入手，通過給予經銷商物質或精神上的激勵，將產品從上游逐漸向下推，最終達到消費者手中。當下常見的是推拉並重的鋪貨方式。

(1)根據「掃街」收集的終端信息和各類終端覆蓋的市場範圍、合作意向、經營特點等，結合廠家對本產品的市場整體策略，與廠家的業務經理共同確定需要進入的首選和備選的目標終端。同時，結合終端類型和特點，依據廠家的政策和促銷資源，規劃幾套終端鋪貨激勵方案，以回應不同終端個性化要求。具體的進店方案應明確鋪貨的產品組合、陳列要求及費用、批零價格、結款方式與返利等。在實際操作中，企業在具體的鋪貨策略上，採取製造暢銷假像策略、避實就虛策略、樣板終端策略、捆綁式鋪貨策略、適量鋪墊貨品策略、免費贈送策略、帶貨銷售策略、淡季旺銷策略等多種策略。

(2)保證終端的激勵力度。企業的目的是要在合理的費用下，引導終端更多地進貨和更好地展示，所以對於經銷商來說，就是要最大限度地利用好廠家的行銷資源和政策，保證終端鋪貨的激勵力度。終端激勵要以當期激勵為主，長期激勵為輔，使終端當期得到經銷利潤，激發當期最大銷售積極性；同時設計銷量累計返利、更多的銷售資源支持、贈送禮品等長期激勵措施，穩固終端。

⑶注意將廠家的行銷資源和政策整合起來運作。如在具體鋪貨時，可以將廠家的進店費用、陳列費與進貨量的梯度激勵結合起來，保證終端進足貨、陳列好，保證鋪貨品質和有效遮罩競爭對手。

⑷制訂鋪貨計畫時，要根據區域市場「掃街」收集的資料、目標終端的地理位置和交通狀況，規劃出具體鋪貨路線、完成時間、所需人員和車輛以及相關費用等事項；要善用「甘特圖」，以便及時檢核。最好能把這種確定好的路線固定下來，這對於以後的鋪貨會很有幫助。

⑸在實施鋪貨行動之前，還需要預先設計一些表格，如《鋪貨情況登記表》、《鋪貨跟蹤表》等，表內的主要內容應包括：鋪貨時間、終端名稱、位址、電話、聯繫人、負責人等。一方面鋪貨記錄是今後回訪、保持聯繫的工具；另一方面，這又是一個極好的推銷工具，可以去對付一些難處理的客戶，他們可以從鋪貨記錄上瞭解到別的終端業主的進貨情況，這樣在從眾心理的驅使下，很容易成交。

5. 鋪貨前宣傳

具體實施鋪貨之前，要先進行區域市場的預熱，進行鋪貨前宣傳。鋪貨前最好輔以一定的產品宣傳廣告，使終端業主們對產品事先有一定的瞭解，預熱區域市場，為鋪貨造勢，這樣能增加鋪貨成功率。

鋪貨前宣傳主要是引導廠家適量進行空中和地面的宣傳和推廣活動，製造聲勢和擴大知名度，加強終端經營的信心，降低進店鋪貨的難度。

具體策略可以將「造勢」和「做實」相結合。

「造勢」主要是在區域市場的中心區域和核心終端零售店外等

客流量較大地方,進行一定的廣告和戶外宣銷活動,如媒體廣告、條幅和山牆等。

同時「做實」,在週邊和社區進行針對目標消費群體的嘗試聯誼活動。但要注意保持適度的投入,畢竟,大規模的鋪貨沒能展開,實現的有效銷量有限,這樣做的主要目的是讓終端感到本產品的市場運作力度。

6.嚴密組織實施鋪貨計畫,並落實到位

具體實施鋪貨前,要進行相關的培訓,主要內容有進店方案細則、產品知識、激勵政策、陳列要求和溝通技巧等,最好由廠家的業務經理主講,經銷商要進行工作紀律和考核激勵的宣講,保證參加鋪貨的業務員都明白「5W1H」:為什麼、做什麼、什麼時間、什麼地點、找誰做、怎樣做。

鋪貨中,要與終端的經理有效溝通,讓其理解我們的激勵方案,並使其對產品的市場前景充滿希望;終端同意進店後,經銷商應主動進行產品陳列、現場佈置(現場張貼 POP/KT 板、條幅、展臺等),同時對其營業員進行促銷方案、產品知識和導購技巧的現場培訓;最後配發促銷品,辦理好相關交接結算手續等。

終端進入談判。首先以首選合作對象為主,兼顧備選合作對象。如一時談判不順利,可能是對方還處於猶豫觀望狀態,我們不要心急,對於這些終端,可以考慮在一次鋪貨形成市場影響後,再進行二次鋪貨。

每天鋪貨工作結束後,要組織業務員進行工作總結和交流,提煉出實際鋪貨中的成功經驗,並針對出現的問題進行研討,提出解決措施和補救方案,對次日的鋪貨工作進行具體佈置,確保執行到位,保證鋪貨的進度和品質。

7. 及時跟進展開宣銷活動，促進終端銷售

一次鋪貨完成後，要及時進行針對消費者的促銷，如抽獎、買贈、返金等活動，有效拉動終端銷售，及時形成鋪貨後的有效銷量，這對堅定終端信心、鞏固鋪貨成果至關重要。這其中需要掌握兩個關鍵：

(1)鋪貨的時間控制。終端鋪貨的時間要與「市場造勢預熱」的時間緊湊銜接，否則「造勢」影響力會大打折扣；另外競爭對手可能會快速反應，直接在終端投入強力促銷資源，進行狙擊，這將直接影響終端鋪貨計畫的順利展開，有時甚至導致鋪貨計畫失敗。

(2)組合銷售支援方案及時跟進。在鋪貨進店時，要足量發放促銷品，需專人負責張貼和擺放 POP 廣告，協助進行產品陳列展示，確保最佳視覺位置和視覺效果，同時進行產品知識、銷售賣點等必要的銷售培訓或講解，讓終端感到銷售支援是「組合拳」，是有力的、有效的、及時的，以進一步增強其銷售的信心和積極性。

8. 適時進行二次鋪貨，優化銷售網路品質

二次鋪貨是整個終端鋪貨工作中必不可少的環節，也是經常被廠家和經銷商忽視的環節。一次鋪貨和終端促銷進行一段時間後，要及時進行二次鋪貨。

二次鋪貨主要工作是：對已鋪貨的市場區域進行巡訪，瞭解一次鋪貨的終端銷售情況，及時補貨，以及落實相關激勵政策；拾遺補缺，檢核區域內的空白市場，對遺漏的終端及時補上，同時對一次鋪貨未能進入的終端進行二次談判，達到進入的目的；優化網路品質，要清理淘汰那些經銷積極性不高、陳列較差、違反價格政策以及出貨情況能力差的終端，因為這些積壓在終端的無效鋪貨，會成為擾亂市場秩序的主要誘因，遺禍無窮。

當然，在溝通和協商的方式、方法上，要講究技巧和尺度，避免出現較大衝突，給市場造成負面影響。

9. 鋪貨僅僅是開端，終端的監督維護和管理是根本

並不是說貨到了經銷商手中，鋪貨工作就完成了，企業還有許多後續工作需要做。鋪貨活動結束後，要將各個終端激勵政策、結算時間、進貨數量、陳列標準和競爭商品情況等資料及時記錄，形成動態的終端檔案。經過分析，將終端進行 ABC 分類，制定出相應的維護標準和管理規範，保證日常終端維護工作的效果，這樣才能將鋪貨的成果鞏固和擴大，形成真正的終端優勢。

經銷商在按照以上方案和步驟進行鋪貨的過程中，還要注意以下事項：

⑴加強溝通，取得廠家資源支持和管理指導。不管是區域市場的造勢預熱，還是終端助售支援和消費者拉動，都需要廠家的資源投入；同時，具體鋪貨工作的合理計畫和組織實施也需要廠家業務經理提供專業指導和協助。

⑵關注競爭對手，攻擊其薄弱環節。鋪貨方案除了要關注和分析消費者，還要關注競爭對手，找出其薄弱環節，進行有針對性地攻擊；同時要預測和判斷他們可能的反應，做好應對方案，避免鋪貨工作受到干擾。

⑶重視二次鋪貨。這不是簡單的查缺補漏，而是鞏固鋪貨成果不可缺少的環節，是保證整個鋪貨品質的關鍵，既是鋪貨工作的結束，又是終端網路維護的開始。

要確保最終消費者在需要該產品的時候，可以便利快捷地取得該產品，不發生缺貨、斷貨，並從經銷商處收回賬款，完成貨物到貨幣的轉換。所以經銷商應在資源和人力上保證二次鋪貨的品質，

在此過程中完善相應的職能。

⑷在消費者有疑問或產品出現品質問題時要予以解決，做好售後服務工作。

⑸企業要儘快實現從產品到貨幣的「驚險一跳」。鋪貨不是目的，企業的最終目的是通過鋪貨提高銷售量，取得利潤，從而實現企業的永續經營與持續發展。

⑹企業要做好對業務人員和經銷商的監督與考評，防止其發生對企業有危害的短期行為。同時，對鋪貨費用進行監控和分析，不斷回饋，及時調整，避免費用不足以及浪費。

心得欄 _____

----

4 制訂明確的鋪貨目標

一、制訂鋪貨目標的原則

好的目標是好的開端，目標是行動的導向，有了正確的目標，才能保證計畫的順利完成。制訂鋪貨目標一般要遵循以下幾個原則：

1. 層次性

一個企業進行鋪貨通常有許多目標，如對鋪貨地區範圍的目標，對不同產品鋪貨量的目標等。但是這些目標的重要性不一樣，應當按照各種目標的重要性來排列，那些是主要的，那些是次要的。例如，某飲料企業在 2006 年第二季的目標是將本企業的 A 品牌飲料鋪到市場，鋪貨率要達到 80%以上。要實現這一目標，要依靠銷售人員、銷售促進、廣告宣傳等各種鋪貨方式，因此要在銷售人員、廣告、宣傳等方面訂出具體的附屬目標。

比如，該飲料企業將 A 市場分配給甲銷售經理，將 B 市場分配給乙銷售經理等；各個銷售經理再把鋪貨任務下達給下屬的各推銷員。這樣，就可以把企業的鋪貨目標具體化為一系列的各級目標，層次分明，一環扣一環；而且落實到人，以加強目標管理，確保企業鋪貨目標的實現。

2. 清楚明確

企業制訂的鋪貨目標應當十分清楚。例如，如何做一個商品陳列，這就是一個非常清楚的目標。也就是說，業務人員制訂的目標不能含糊，必須實實在在。同時，作為業務人員在與客戶交往過程

中，還必須具有一定的專業性，避免使用「大概」、「或許」、「左右」等含糊的概念。

此外，企業制訂的鋪貨目標一定要明確。十分明確的目標要求數字必須準確，如每天要訪問的客戶是 8 個還是 10 個，都必須十分明確。

3. 數量化

企業制訂的鋪貨目標應當儘量有明確的數量化指標，要有明確的時間限制，避免在鋪貨目標中出現讓人易產生歧義的字眼。

例如，「在 3 個月內，將貨鋪進 A 市場各大百貨商場，鋪貨率要達到 70%以上」，再如，一醫藥生產企業明確規定「在兩個月內，將該企業生產的軟膠囊鋪到市內 80%的藥店」，這就是以數量來表示企業的鋪貨目標。

鋪貨目標數量化，企業的銷售部門便於管理計畫、執行和控制過程。另外，有了明確的可衡量的目標，便於後期對鋪貨工作的執行進行評估，也便於對銷售經理和銷售人員的考核，這將作為對其任務完成情況進行評估的依據。一旦數量化的鋪貨目標迅速被傳達、執行，後期的考核、評估工作也嚴格按照此標準進行。

促銷活動的目的是為了提高銷售量的 100%至 200%，這就是可以測量的目標。測量之後，還要做好各種準備工作，如準備好多少樣品，多少促銷品，需要多少人員等。

4. 現實性

企業的銷售部門和銷售經理不能根據其主觀願望理所當然地來規定目標水準，而應當根據對市場機會和資源條件的調查研究和分析，並結合自身的實力和產品狀況來規定適當的目標水準。這樣規定的鋪貨目標水準才能實現。

現實性要求企業制訂的鋪貨目標是可以達到的。一般來講，如果目標訂得太低，缺乏促進作用，訂得太高，則沒有實際意義。

一個目標的制訂，是人們能夠完成的 120%，例如，正常情況下，某企業能完成鋪貨量為價值 100 萬元的產品，那麼今年的目標應該是價值 120 萬元的產品。這是比較科學的，因為通過個人努力，是可以達到的。但是，要達到這一目標，人們又必須付出艱苦的努力。

5.協調一致性

有些企業的銷售部門提出的鋪貨目標與企業的其他目標有時候是互相矛盾的，例如「最大限度地提高鋪貨率並降低鋪貨成本」。實際上，企業不可能既最大限度地提高鋪貨率同時又降低鋪貨成本。因為企業可能通過廣告宣傳、導購促銷或向經銷商和大賣場贈送禮品等方式增加鋪貨量，提高鋪貨率，但是當這些措施超過了一定限度，成本不可避免就會上升。所以，各種目標必須協調一致，而不能自相矛盾，否則就會失去指導作用。

此外，企業的短期目標、中期目標和長期目標之間也應協調一致。這三種目標形式，企業要做，銷售員個人也要做。

一般來講，短期目標就是做銷售的日常目標，如做 10 天的促銷計畫。這個目標包括銷售量的目標值、配置數額等。個人的短期目標就是指這個月要完成的銷售任務，要完成這個任務，應該如何去做，需要企業的那些幫助等。中期目標一般是一個年計畫，或是一個半年計畫。比如年銷售工作，就需要制訂一個中期目標。某一個客戶今年完成了 1000 萬元的銷售任務，第二年的銷售目標可定在 1200 萬元。

長期目標，一般是指 5～10 年內所要達到的目標。對於個人而言，可以計畫自己通過什麼樣的管道和方法從一個銷售人員成為一

個銷售經理,在這個階段應該如何做,需要企業給予怎樣的培訓等。

　　一般業務代表應會做三個月的銷售計畫,業務主管應會做一年的銷售計畫,業務經理應會做 2 年以上的銷售計畫,總經理應會做 5 年以上的公司總體發展計畫,而公司總裁必須會做 20 年的發展戰略規劃。

二、影響鋪貨目標的因素

　　明確了制訂鋪貨目標的原則之後,企業應明確有那些因素影響了鋪貨目標,並與經銷商一道對這些相關的影響因素進行分析和研討。

1. 在商討下一年度鋪貨目標之前,廠家的區域經理應與經銷商共同對上一年度鋪貨工作進行總結

　　⑴鋪貨業績回顧及分析。通過對上一年月度和年度鋪貨情況(包括鋪貨總量和各品種、規格的鋪貨率以及增減率)進行分析,找出鋪貨增減的因素和趨勢,為下一步訂立鋪貨目標和規劃促銷策略提供依據。

　　⑵費用投入的回顧及分析。通過對鋪貨費用使用情況(總額、增減率、鋪貨費用與銷售額比率、各類費用比例等)來分析鋪貨費用的使用效率,找出費用增減的原因。

　　⑶主要促銷策略與計畫的執行情況。主要是對促銷工作進行回顧,分析和評估這些策略對鋪貨的實際影響。

　　⑷雙方合作存在的問題及分析。主要包括策略傳達、產品到位、助銷支援配合協作、計畫執行和人員管理等問題明確存在的缺陷和誤區。

　　雙方在以上問題總結與分析的基礎上，要探討和落實相應的解決措施，並預測改進的效果，作為制訂新年度鋪貨目標的主要依據之一。

　　2.廠家的區域經理應當與經銷商共同對影響目標制訂的內外部環境因素進行分析

　　⑴宏觀經營環境分析。主要是經銷商所在區域的經濟形勢、政策導向和收入水準等方面。

　　⑵區域市場發展趨勢分析。包括區域市場容量、發展趨勢以及終端業態變化等，還有消費需求特點與變化趨勢等方面。

　　⑶產品發展趨勢分析。主要根據各品類產品的銷售表現判斷其所處的生命週期階段，從而推測該產品的發展趨勢。

　　⑷區域競爭形勢分析。首先是對競爭形勢的描述，包括市場的總體競爭特點、競爭產品佔有率和年度銷售趨勢、資源投入對比等；其次是其區域行銷策略分析，並對競爭產品的意圖和策略變化做出預測。

　　廠商雙方共同完成以上分析和研討並達成共識，就有了共同商討年度鋪貨目標的基礎，如果再配合幾個基本步驟和方法，就可合理地制訂下一年度的鋪貨目標。

三、制訂合理的鋪貨目標的方法

　　企業在制訂合理的鋪貨目標時，要結合考慮影響鋪貨目標的主要內外部因素，並考慮動態趨勢和達到目標相關主體的能動作用等。只有這樣，定出來的目標才能較好地符合目標管理的 SMART 原則（S——Specific，即明確性；M——Measurable，即衡量性；

A——Acceptable，即可接受性；R——Realistic，即實際性；
T——Timed，即時限性），並容易使各方達成共識。鋪貨目標的制訂
有兩種方法：

1. 以市場狀況為基礎制訂鋪貨目標

在對鋪貨目標影響因素的分析的基礎上，根據整體市場發展趨
勢、本公司銷售趨勢及競爭格局等外部因素的預測，估算出經銷商
應達到的鋪貨目標。

例如，A 區域市場上年總體規模為 1000 萬元，預計今年市場總
規模會有 10%的增長，某企業在 A 區域的現有比率為 40%，且佔有
的比率在不斷增長，增幅為 20%。則某企業今年的鋪貨目標應訂為
$1000 \times (1+0.1) \times 0.4 \times (1+0.2) = 528$ 萬元。

2. 以內部行銷隊伍意見為主制訂鋪貨目標

由經銷商從自身能力和優劣勢條件的角度對銷售目標進行估
算，並由其各銷售主管、業務人員和下游終端客戶按照各自的理解
對下年度的鋪貨量進行預測，匯總出下年度的總體鋪貨目標。

在實際操作中，廠家與經銷商往往將上面兩種方法估算出來的
銷售目標，進行折中和整合，這樣可以比較好地保證銷售目標。

5 具體實施鋪貨計畫

鋪貨指標分配完成後，各負責人需要確切掌握月份、地域、顧客等類別中的產品鋪貨收入預算，其目的是確立月鋪貨目標。決定月鋪貨目標之後，等於是決定了具體的行動目標，所以針對這一目標，再制訂行動計畫。

實現快速鋪貨上架，需要通過業務代表的拜訪活動。所以，鋪貨計畫的實施中心，可以說就是訪問計畫。

訪問計畫的設定有一定的程序，如將每天的預定訪問數，累加成每月的預訪穩定數。確定每天的訪問計畫時，需要制訂一下計畫：

月計畫：除了鋪貨目標量之外，還要決定準顧客計畫與月訪問計畫。

週計畫：根據月計畫制訂週計畫值，決定一週之內應該訪問的準顧客數量，並且決定具體行動方向，如在一個星期的某一天應訪問那幾個經銷商或大賣場。

日計畫：在訪問的前一天，從週計畫中挑選出應訪問的準顧客，然後配合週計畫，制訂每天的行動指標。

這樣，計畫一經確定，每個人、每天的目標就相當明確了，知道自己需要做什麼和怎麼做。在確定訪問計畫之前，需要先決定每月的可能訪問數，以及每一個準顧客的訪問頻率。訪問數包括訪問戶數和次數。由於每月的訪問數和所負責的區域的特性、業種、業務及商品等的不同而有所差異。所以說並沒有標準數值可循，需要根據過去的實績和市場特性來決定。

　　以日用食品廠商為例，可確定每週的總訪問次數為 80 次，訪問戶數為 50 戶。此外，對於耐用消費品的鋪貨，可按成交的希望度，將準顧客分為 A、B、C 三級。A 級是很可能在一個月內成交的顧客；B 級是很可能在 2～3 個月內成交的顧客；C 級是很可能在年度內成交，或需要繼續訪問的準顧客。一般 A 級客戶是重要訪問對象、B 級客戶是普通訪問對象，而 C 級客戶是可訪可不訪的對象。訪問頻率根據不同等級的客戶而有所不同，由 A 級到 C 級，訪問次數相應減少。

心得欄 _____

第 三 章
商品鋪貨的具體工作

　　為實施鋪貨做好準備，是鋪貨前最重要的階段。要對鋪貨區域進行市場調查，確定該市場的進入方式，要先對重點終端鋪貨，並做好鋪貨記錄。在鋪貨工作結束後，企業還要做回訪工作。

1 鋪貨工作要先有準備

　　這是鋪貨前最重要的階段，該階段的主要工作是為實施鋪貨做好準備。企業在實施鋪貨前應明確以下幾點：

　　企業在鋪貨時一定要明確，並不是每一個終端都可以進，每一個終端都必須進。不同的產品，其定位和屬性不盡相同，這也就決定了某個產品只能出現在符合其定位與屬性的地方。例如，零食可以在超市、便利店、雜貨鋪，甚至自動機上銷售，可是你見過在藥店裏銷售零食的嗎？企業產品的目標消費者最常到那裏購買，就鋪到那裏，不要一味貪圖面廣。

　　某些企業往往口出狂言：「3 個月內全面鋪開××市場。」先不論企業的人力配置與資源配置是否能支撐起，就說如此大撒網，終端根基能穩嗎？到頭來多半是熱熱鬧鬧投了人力、物力，冷冷清清丟了銷量、市場。在鋪貨之前，企業不妨先靜下心來明確一下鋪貨目標、明晰一下鋪貨順序，在此基礎上制定出具體的、可執行的、可考核的鋪貨計畫。

　　鋪貨人員代表著企業和產品的整體形象。在鋪貨時，他們的一言一行均會對鋪貨結果產生深刻的影響。所以企業在招聘鋪貨人員時，就應該相當注意，一個優秀的鋪貨員在開始至少要做到，具備一定的溝通經驗與能力，與團隊配合默契。在招聘後，企業要對他們進行從企業文化到產品知識的詳細、全面培訓，從而使他們對產品相當瞭解，對企業相當熱愛。

　　對企業來說，鋪貨人員出去鋪貨了，可不能就撒手不管了。監控措施還是很有必要的。有效的監控可以採用兩條線走路的方法。一條線就是嚴格執行分析鋪貨人員的日常工作表格、彙報、日誌等制度；另一條線就是向經銷商詢問，主管可以通過電話、上門拜訪等多種形式，詢問有關鋪貨、承諾兌現情況。這樣既可以有效瞭解鋪貨工作的進程，又可以有效監控，防患於未然。

　　對於快速消費品，需要經銷商在鋪貨方面提供廣泛的支援，企業應做好充分準備。

　　按照既定的鋪貨計畫開展鋪貨工作，一定要將貨鋪進你選擇的第一家零售店，因為這樣可以建立你的信心，信心在鋪貨中極為重要。為邁好第一步，還應考慮其他輔助措施，如樣品散發，多給促銷品，降低進貨數量等。在鋪貨過程中，要做好如下工作：

1.先對重點終端鋪貨

「頭三腳難踢」，如果開始鋪貨就遇到挫折，容易挫傷員工的士氣。因此，鋪貨應先易後難，如先把門檻較低、對產品信心和興趣較強的餐飲店列為最先鋪貨的對象；或是採取特殊政策對重點終端進行鋪貨。

2.做好鋪貨記錄

鋪貨人員要把每天鋪貨的終端數量、名稱、地點、終端概況、終端反應(拒絕及原因、接受及原因)、進貨數量、結賬金額、下次進貨意向等資料記錄下來，每鋪進一家，都要填好《鋪貨情況一覽表》。這樣可掌握第一手資料，為評價鋪貨效果、明確下步工作方向提供參考依據。鋪貨記錄也是一個很好的銷售工具，將鋪貨記錄給那些猶豫或拒絕的客戶看：別的售點進了多少貨、什麼價格、付了多少錢、電話位址等，這是說服終端的有效武器。

3.覆蓋率與佔有率有所側重

鋪貨前期為了讓消費者能夠有更多接觸產品的機會、提高品牌信息傳播效率、迅速形成濃厚的消費氣氛，要迅速提高市場覆蓋率。然後再通過週到服務、有效促銷等手段，快速提升終端產品的消費量，這樣鋪進貨的終端才是有價值的。同時，消費氣氛的迅速提升、忠誠消費者群體不斷壯大，又會促進其他終端進貨的積極性，覆蓋率會進一步提高。

4.宣傳促銷品的發放工作

貨鋪到那裏，宣傳促銷品(膠水、海報、小禮品、吊旗、招牌、燈箱等)就要用到那裏，使之在鋪過貨的地方形成一種視覺衝擊力。這會吸引消費者的注意，先說服消費者購買，然後用消費者來贏得經銷商的好感，並激發終端商的信心和進貨慾望。

5. 廣告投放

鋪貨實施階段一般也是廣告投放前的一個特定階段，約 1～2 個月。在這一階段，企業應快速拓展各區域市場的分銷網路，利用快速鋪貨來提高鋪貨產品的市場覆蓋率和市場滲透率，為即將到來的「廣告戰術」和市場啟動打下堅實的基礎。在這一階段，廠家的鋪貨人員要抓住有利時機開展產品銷售、促銷品贈送、廣告招貼等行銷活動。此外，鋪或人員應充分發揮自己的推銷才能來說服客戶經銷自己的產品。

6. 樹立樣板終端

重點扶持生意好、規模大的終端零售店，使其快速成為銷量突出的品質型終端，然後將其作為樣板終端廣泛傳播，激發其他終端的興趣和積極性。

7. 多人鋪貨小組

組織 2～3 人一組進行鋪貨（司機一名、直銷員一至兩名），相互配合，以增強說服力。

8. 開好總結會

開好班前、班後會，總結經驗、表揚和鼓勵先進、分析問題、檢討失敗、鞭策後進，以提高鋪貨人員的產品意識和銷售能力。

9. 加強考核

嚴格的考核既可以發現鋪貨過程中的問題以迅速解決，又能充分激起鋪貨人員的積極性。

10. 處理異議

異議就是終端業主對鋪貨活動各種各樣的反對意見，增加了鋪貨難度。鋪貨人員必須要接受異議，而且不僅要接受，更要歡迎，因為異議對鋪貨人員來說不一定是壞事，只要處理得當，反而更容

易成交。在對店主推銷不成時，如果能爭取到他週圍人的認同，便可獲得店主的認同。可通過贈送樣品、禮品、廠價直銷等方式，讓這些人樂意為你說話，他們對店主的影響力要比你大。

該實施階段最重要的是講究速度，特別是對於季節性很強的快速消費品而言，鋪貨速度意味著市場搶佔速度，錯過了鋪貨就意味著錯過了市場機會。對這一點，健力寶應該深有體會。

此外，企業在鋪貨過程中還應明確以下幾點：

⑴挑選配合廠家鋪貨的經銷商時，最好先不要找消極的批發商，因為他們大多作風保守、缺乏沖勁、不願改變經營模式，除非經營模式已經轉變。

⑵容易實施鋪貨的區域是較富裕的鄉鎮、城市的郊區，所以，鋪貨可以先從這兩類區域開始，這樣既可以避免決策風險，也可以總結經驗。

⑶對於配合廠家鋪貨的經銷商，廠家應根據其銷量、鋪貨店數等指標給予一定的獎勵。但需要防止其以低價賣出，以免擾亂市場價格。

⑷參與鋪貨作業的經銷商賣給零售店的價格必須一致，以免引起零售店的抱怨。

⑸鋪貨時，儘量不要答應零售店「代銷」，否則可能造成日後的大量退貨。

⑹鋪貨時，給零售店的產品數量不宜太多(夕陽產品除外)，以免因零售客戶資金積壓而影響以後進貨的信心。

⑺當產品需要售後服務時，還必須為零售店做好相應的售後服務。

2 企業如何招商

　　首先要對鋪貨區域進行基本的市場情況調查，從而確認鋪貨管道的發展與趨勢，然後由調查人員寫出調查報告，並對調查結果進行分析，確定該市場的進入方式。最後，企業根據市場基本情況，確認一定數量可供合作的經銷商，以備調查、評估和選擇。

　　在該流程中，所要調查的區域基本情況主要包括：人口、經濟狀況、消費者結構、購買力等；市場容量（包括現實的和潛在的市場需求）、消費者偏好（包括品牌偏好、品類偏好、價格偏好、購買地偏好等）、競爭者狀況（包括競爭對手的實力、優勢與劣勢、經營業績等）、經銷商狀況（包括經銷商數量、實力、業績、經營特點、經營信譽等）、零售商狀況（包括零售商的分佈、範圍等）以及其他相關市場情況。

　　在基本市場調查的基礎之上，企業要將備選經銷商進行分類，進行深入的調查。根據調查結果，對備選的經銷商進行綜合評分並排序。

1. 中小企業選擇大經銷商的情況

　　一般情況下，企業希望選擇特別強勢的經銷商，因為這樣的經銷商對推廣產品有很好的促進作用。但反過來講，若經銷商太強勢，也會制約企業。同時，強勢經銷商同時代理幾個產品，對於你的產品他可能不會精心推出。有時候強勢經銷商代理你的產品就是為了防止你的產品出現在市場上，與他代理的強勢品牌競爭。可想而知，這樣的經銷商怎會力推你的產品？

事實上，企業與經銷商之間的關係，最終還是利益的關係，如果有足夠的能力可以管理好你的經銷商，企業完全可以選擇各地區的強勢經銷商。找實力強大的經銷商的關鍵是：要成為有地位的最起碼是某一時段的主力產品，而不能成為經銷商炫耀實力的陪襯。但對於實力弱小的中小企業，只選擇一般的經銷商照樣做得也不錯。

在醫藥保健品市場中，有很多「坐商」，這些經銷商大都具有資金實力，也有終端優勢。他們手中一般代理十幾個、幾十個產品，但他們不會力推你的產品。

中小製造商在兩種情況下，可以找「坐商」：

⑴企業招商的目的就是為了圈錢，那麼這樣的經銷商有資金實力，企業可借助他們的資金實力，達到自己的目的。

⑵企業有完整的協銷體制利用「坐商」的資金和終端，迅速將產品推向市場終端，然後製造商的協銷人員隨後跟進開拓市場。

如果製造商既不想圈錢又沒有自己的市場協銷人員，而是想做產品，那最好還是別找「坐商」。

對於大型企業而言他們更傾向於選擇中小經銷商，因為自己有實力做後盾，加上強勢品牌的影響，中小經銷商為了自己的利益一定會傾力開拓市場使市場佔有率提高。比如某牛奶廠商在進入市場之初，就沒有選擇這些「坐商」，而是依據自己的標準，選擇了中型經銷商。

2.中小企業的三種招商模式

我們可以給經銷商「畫像」，設定各種各樣的標準。但實際情況卻比較複雜，尤其是市場處於低迷的時候。所以有人主張，招經銷商的條件應該主要看兩個方面，一是有資金實力，另外一個就是經銷商有經營能力。

根據中小製造商的現狀我們總結出三種招商模式：

(1)尋找中等經銷商。尋找在當地市場覆蓋率很高的非名牌、管道類型相通、產品類型不同的產品。不跟隨名牌產品。名牌產品鋪貨良好，並不能說明經銷商本身鋪貨能力強，因為名牌產品的市場拉力強勁，有時不需要經銷商力推就能迅速鋪開。名牌產品的經銷商主要通過市場的拉力作用，獲得較高的市場佔有率。對於市場拉力較小的弱勢產品，反而沒有足夠的耐心去推動。

而弱勢品牌由於缺少強大的市場拉力支持，在市場拓展期間，經銷商鋪貨能力非常重要。所以在考察時，要重點考察非名牌、通路類型相同的產品。因為該產品經銷商的網路推力足夠強大，是適合做我們產品的「中款」。

(2)瞭解要鋪貨產品的管道結構。該產品雖然鋪貨率很高，但還不能就此確定該產品的經銷商就是我們的經銷商，還必須瞭解該產品的管道結構，究竟是多家經銷商的管道結構還是獨家經銷商的管道結構。

如果是多家經銷商的管道結構，則其銷售網路不值得利用，新品上市採用多家經銷商的管道結構並不合適；如果是獨家經銷商的管道結構，則離我們的目標客戶就越來越近了。

瞭解產品的管道結構可走訪零售商，採用「順藤摸瓜」的辦法或以當地二批商、零售商的名義打電話到製造商那兒瞭解。

(3)瞭解鋪貨力量的歸屬。有些產品鋪貨狀況良好並不是經銷商網路力量強勁的原因，而是製造商支持力度大，採用製造商業務人員協同，突擊鋪貨形成的。作為中小製造商，不適宜派出大量的助銷人員。如果經銷商的鋪貨需派人協助才能完成，則沒有多大利用價值。如果經銷商通過自身力量進行鋪貨，則可判斷此經銷商的經

營風格和網路力量。正式確定該經銷商為我們的準客戶，就可以展開洽談了。

3.選擇有發展潛力的中間商

中小製造商在選擇經銷商時往往過於注重經銷商的實力，一相情願的做法埋下了病根。而實力強大的經銷商往往掌握著多個名牌產品的經銷權，實力非常雄厚，弱勢品牌往往成為他們助推強勢品牌的陪襯，得不到重視。

所以，中小製造商選擇經銷商的首要條件就是看他對公司產品的重視程度如何。只要經銷商對我們的產品表現出極大的興趣，即使他實力稍弱一些也沒有關係。管道網路既是實的也是虛的，需要好產品和有力的推介來承載。關鍵是經銷商用力推介你的產品，再加上製造商有到位的市場支援力度，產品很快鋪貨上架，佔領終端就不成問題。

實力強大的經銷商固然好，但由於中小企業製造商較弱，合作過程中容易處於不平等的地位，無論是市場支持、銷售政策、貨款回籠等往往得不到平等的對待，始終處於被動狀態。所以，選擇一個門當戶對的經銷商，使自己始終處於主動顯得至關重要。

4.填補空缺

考慮經銷商的業務結構及其業務的時段空白點。如做白酒的經銷商其業務高峰一般在秋冬季節，到夏季就非常清閒，夏季是其業務的空白點。如果你是夏季力推的產品，就很容易引起此類經銷商的興趣與重視。所填的空缺要與經銷商的經營結構比較類似，而不是完全陌生的業務領域。要使經銷商很容易介入並運轉。此外，這個空缺最好是淡旺季的時段空缺，而不是品種的空缺。

3 要如何選擇鋪貨經銷商

一、選擇經銷商的基本原則

企業選定了管道方案以後，必須對每個經銷商加以評估和選擇。選擇經銷商是鋪貨的起點，也是影響鋪貨效果的重要因素，因為好的分銷商對產品快速鋪貨的成功至關重要。經銷商的作用在於幫助企業分銷產品，因此，經銷商的分銷能力是企業選擇經銷商的重點。通常情況下只要產品好、價格公道、能迎合消費者需要、能給經銷商帶來合理利潤，就很容易被經銷商接受。但是要找到能配合企業的市場政策，符合企業的需要，具有相當經銷能力，能與企業形成並發展長期戰略夥伴關係的經銷商卻並非易事，所以選擇經銷商一定要慎重。

一般來說，企業選擇經銷商應遵循以下基本原則：

1.分銷管道和目標市場相結合的原則

這是建立分銷管道的基本原則，也是選擇經銷商的基本原則。根據這一原則，經銷商是否處於重要的商品集散地，是否在目標市場擁有其分銷通路或是否在那裏擁有銷售場所，是行銷人員選擇中間商時必須注意的問題。

2.樹立形象原則

分銷管道或銷售地點是產品市場定位的決定因素之一。在選擇中間商時，必須注意銷售地點對商品形象的影響。分銷管道和銷售地點應具備兩個功能：一是賣商品，二是樹立企業形象和商品形象，

讓消費者願意出較高價格持續購買企業的產品。

3. 功能原則

建立短分銷管道時，需要對經銷商的經營特點及其能夠承擔的分銷功能嚴格掌握。即所選擇的經銷商應當在經營方面和專業能力方面符合所建立的分銷管道功能的要求。

4. 效率原則

經銷商的經營管理水準直接影響到它的資源利用效率和人員士氣，進而影響每一項工作的效率。分銷管道的運行效率是指通過某個分銷管道的商品流量與該管道的流通費用之比。一個分銷管道的運行效率，在很大程度上取決於中間商的經營管理水準、對有關商品銷售的努力程度以及中間商的「商圈」。

5. 目標一致原則

分銷管道成員的利益與分銷管道的整體利益休戚相關。在選擇中間商時，要注意分析有關中間商參與有關商品分銷的意願，與其他管道成員合作的態度。企業要選擇良好的合作者，必須嚴格考察中間商的合作態度。中間商的合作態度可以從接待聯繫人的熱情程度、有關文件的處理速度、聲稱的利益分割條件、商品分銷管道建設目標的差距、願意承擔那些分銷功能、目標的差距和過去的商業信譽等方面做出判斷。

上述原則是從實現建立分銷管道的目標而提出的。它們是一個有機整體，反映著建立商品分銷系統，廠商共同合作、共用繁榮的要求，同時，這些原則也是與分銷管道成員達成合作協議的基礎。按照這些原則來選擇經銷商，將可以保證所建立的分銷管道成員的素質和合作，提高分銷管道的運行效率。

二、瞭解經銷商的基本情況

在選擇經銷商之前，尤其是對於長期合作夥伴，要根據以上原則對可選擇的經銷商進行全面調查和認真分析，必須徹底弄清楚它是誰，它是如何經營、發展的，潛力究竟有多大。這是選擇中間商建立分銷管道時必須具備的第一個前提。不瞭解經銷商，就談不上選擇經銷商。對經銷商不僅要彼此面熟，而且要「知根知底」，全面瞭解。這是選擇經銷商建立分銷管道時必須具備的第二個前提。有的經銷商熟悉某類產品市場特點和行銷要點，但是對於其他產品，可能一竅不通，因而難以承擔相關商品的分銷功能。

具體到操作時，要瞭解備選經銷商的以下幾個方面：

1. 在網路、網點方面他們的強項、弱項是什麼，是否可以利用其管道的差異性。

2. 瞭解競爭品牌在當地的運作，從中找出公司的優勢，並以此吸引經銷商與企業開展合作。

3. 每個經銷商可以覆蓋的網路有多少(量化到數據，評估分析其分銷能力)。

4. 瞭解其銷售隊伍人數、配送效率與效果(包括配送方式和配送成本)、倉庫面積這三類硬指標。

5. 該經銷商如何激勵業務隊伍(通過這些可以看出該經銷商的經營理念與道德水準)。

6. 該經銷商誠實經營，有良好的商業信譽，該經銷商對合作企業與消費者具有誠實的行為與態度，能夠按時結算貨款，無賴賬、惡意欠款記錄。

7.企業在選擇經銷商還要瞭解經銷商的口碑，可以通過以下方式獲取相關信息：

(1)通過其他經銷商瞭解他的經營能力、經營狀況，他與代理企業的關係狀況，他如何處理與客戶之間關係等；

(2)隨機訪談，通過普通群眾瞭解他的經濟實力、品質特徵、信譽等；

(3)調查取證，通過有關部門瞭解他的資信情況等；

(4)實地考察，通過他的客戶瞭解他的市場開拓能力、網路管道建設能力、對企業政策的執行能力等市場綜合能力。

三、選擇經銷商的注意事項

終端鋪貨並非意味著拋開經銷商單幹，而是由先前完全依靠經銷商改變成協助經銷商全面參與終端市場運作的一種行銷方式。慎重選擇經銷商已成為終端行銷的首要問題擺到廠家面前。首先應對目標市場做出全面深入的調查瞭解，對所列舉經銷商的市場開發能力、財務狀況、信譽能力、管理能力及家庭個人情況等各方面進行全面摸底。

企業在選擇經銷商時，一定要注意以下幾點：

1.考慮經銷商經營的產品

經銷商經營的產品品種是否齊全，經營了多少種產品，有多少廠家的產品在這裏經銷。如果經銷商產品非常豐富，就說明它是個比較好的經銷商；相反，如果是只經銷少量產品且規模很小的批發商，其信譽可能不會太好，能力也不會太強。

2.選擇財務狀況良好，信譽良好，講求誠信的經銷商

通過瞭解經銷商收款方式可知其資金能力。但如果存在賒賬情況，企業需對經銷商進行深入調查，查看它應收貨款的回收情況，以免出現不利於自己的情況。

3.選擇倉儲和運輸能力強的經銷商

如果經銷商的規模大，其倉儲和運輸能力就比較強，硬體設施也相對較好。

4.選擇人員配備合理的經銷商

一個有大量客戶的經銷商至少有 10 個以上的銷售人員。要注意經銷商銷售人員的素質，瞭解他們是有經驗的老銷售員還是新進的銷售員，以及這些人的銷售水準和能力。

5.選擇有健全的行銷網路的經銷商

能夠有能力覆蓋週邊管道網路，終端運營能力強；能招聘並培訓專職的業務員，對零售及批發網點進行持續覆蓋。而經銷商的行銷網路主要就是經銷商下屬客戶的數量、分佈情況。有時選擇經銷商，需要到其下屬客戶中瞭解經銷商的運營情況。

6.選擇能與企業密切合作的經銷商

能接受企業的價格政策、區域分割政策以及其他相關行銷政策。

7.以自己的品牌和產品線為基礎來確定選擇經銷商的類型

如果企業產品線長、品種多，且以中低檔為主，則應選擇有實力、經營時間長的批發型經銷商。因為中低檔產品進入市場時必須有大量的廣告和促銷相配合，這需要經銷商有過硬的二、三級分銷的批發能力。相反，如果品牌和品種比較單一、產品定位較高，那

麼選擇終端型經銷商比較適宜,但是,也應注意備選經銷商目前代理的產品品牌有多少、是否與本企業的品牌相衝突、企業自身的綜合實力以及在市場的運營能力。

8.避免盲目追求實力較強的經銷商,忽略了中小型經銷商的發展潛力

近年來,大型的經銷商不斷崛起,作為家電經銷大戶,它們確實給現實的市場注入了新的活力。它們與傳統經銷商相比,更具有自主意識,更具「擴張」的野心。一旦網路建設從量變到質變時,從物流、配送、成本等多方面,都比傳統經銷商更具有優勢,極大地加快了企業的產品鋪貨上架的時間,縮短了商家與消費者之間的距離,信息傳遞變得越來越通暢。最主要的是,它們正在打破地域限制,向更廣闊的領域發展。它們往往建立起自己的分公司、零售網路或連鎖超市,增加對零售的直接控制權,提高其在行業的競爭力。

實力強大的經銷商並不一定適合所有企業。對於中小型企業來說,如選擇實力強大的經銷商,其產品不一定會受到重視。因為具有較大實力的經銷商通常都是被最強勢的企業和品牌把持著。實力強大的經銷商自身的實力較強,在管道中的話語權也較重,會向企業要求更多優惠或支援條件,中小型企業對這些大經銷商只能聽之任之,沒有討價還價的餘地。此外,這些經銷商由於經銷的品牌過多,品牌市場推廣力度相對較分散,反而不利於小企業把自己的產品推向市場。

4 如何與經銷商協同鋪貨

　　終端鋪貨不是任何一方的責任，廠家和經銷商都有責任和義務，並且終端鋪貨不是一蹴而就的行為，需要廠家和經銷商持之以恆，共同運作，一同做好終端鋪貨。

一、利用經銷商鋪貨的難點

　　經銷商與廠家共同鋪貨，經銷商可以達到快速鋪貨上架的目的，而經銷商也可以獲得廠家相應的物質或財力支援。雖然這是一件雙贏的好事，但是在操作過程中，還是存在一些障礙。

　　1. 經銷商往往以沒有足夠的人手和時間為由不配合廠家鋪貨。

　　2. 經銷商傳統的經營模式多半是坐等客戶上門的被動經營。實施鋪貨等於改變這種經營模式，改為主動拜訪銷售，經銷商可能難以接受這種新模式。

　　在某地市場上，有一家食品廠家為了做好終端鋪貨，打開市場，做出了一項比較好的政策，廠家出車出司機，經銷商只需出一個熟悉市場的員工，廠商聯手共同做市場終端鋪貨。開發初期，確實收效很好，但是廠家取消這一政策後，經銷商依然變成坐商，長時間下去，市場又回到了原點。

　　3. 經銷商擔心鋪貨以後，廠家會掌握其客戶資源並直接與其客戶(零售店)進行交易。

　　4. 作為經銷商，經常會面臨新產品的推廣，隨著其經銷產品的

73

增加,往往在每個產品上都無法投入足夠的精力和時間,這可能會導致企業的產品延遲上架。

二、利用經銷商進行鋪貨的注意事項

市場開發初期,廠家和經銷商無力開展多個產品的同時推廣,因此,不得不依靠單一產品的衝力在市場形成良好的開端。單品鋪貨需要做好以下幾方面的工作:

1.選準一個能夠上量的大眾產品

單品鋪貨的目的,一是形成銷售網路,只有能夠上量的產品才能形成完善的銷售網路;二是形成品牌知名度,只有能夠上量的產品才有品牌影響力。

2.爭取經銷商的鋪貨協助

鋪貨時可以從以下幾個方面說服經銷商予以配合:

⑴說明鋪貨花費的時間,每次鋪貨不致產生人手和時間不足的問題。例如每次只需花費 3～5 小時,每月經銷商只需花費 5 天進行鋪貨。

⑵分析鋪貨能帶給經銷商的利益。

⑶向經銷商承諾自己不與零售店直接交易。

3.利用爆發式鋪貨形成市場覆蓋

爆發式鋪貨需要速度快、鋪貨量大、市場覆蓋率高。爆發式鋪貨能夠達成以下效果:一是讓競爭品措手不及,在競爭品政策出臺之前快速完成鋪貨;二是終端的快速鋪貨會形成氣勢,給二批、終端、消費者信心。

4. 給穩定的高利潤誘導

對佔主導的市場，特別是鄉鎮以下市場，推銷不知名新產品的唯一動力是利潤空間，如果新產品不提供高於其他產品的利潤空間，就過不了這一關，產品就不能到達終端，也就失去與消費者見面的機會。

5. 利用終端強力導購

老產品、知名產品可以「自賣自身」，消費者也經常習慣性購買。消費者不熟悉的新產品怎樣才能賣出去？主要靠終端的強力推薦。如果零售終端的工作人員不推薦的話，廠家或經銷商就要派人到終端進行導購。

6. 利用區域市場短期高密度的廣告拉動

二、三流品牌常用的策略就是在一個區域市場形成強勢品牌，給區域市場消費者一個一流品牌的形象。由於區域市場（如縣級市場）的廣告費用極低，幾萬元的廣告費就可以啟動一個市場，因此，在鋪貨的同時，要進行高密度的廣告拉動，「推」與「拉」結合啟動市場。

7. 要在一定時間內多次開展強力推廣活動

不要寄希望於一次大規模的促銷活動就能夠全面啟動市場。很多新市場在啟動時，由於推力不足而喪失。

8. 正確把握鋪貨

商品離開廠家，賣出去之前屬於鋪貨，售出之後叫實銷。鋪貨量與實銷量之間雖然有明顯的對應關係，但兩者並不總是同步。一般情況下，在一定的時段內，總是鋪貨在前，實銷在後。鋪貨量是否越大越好？未必，加大鋪貨量並不一定能增大實銷量。

在商品投放市場的起始階段，加大鋪貨量，可以推動實銷量增

長。鋪貨量的增長部份與實銷量的增長部份是同步的；當市場逐漸飽和時，鋪貨量增長的那一部份，對實銷量的影響越來越小；當超過市場的容量時，加大鋪貨量，不僅於事無補，反而會給廠家帶來更大的損失，此時，鋪貨量會負效應。因為商品過多地滯留在流通環節，因保管不善造成變質、損壞的可能性增加；經銷商也會因產品佔有庫房的問題而對其逐漸失去好感；在貨架上的商品長時間擱置，給消費者造成無人問津的現象，反而會抑制購買慾望。

因此必須安排鋪貨的數量，正確把握鋪貨：

(1)要克服鋪貨量的負效應。因鋪貨滯後、量少而影響實銷，固然令人遺憾，但問題不難解決；重要的是克服鋪貨量的負效應。實際上，在特定的時段內暫停或減少鋪貨，實銷量並不因此減少，因為零售終端有一定的庫存。而產品在得到消費者一定的認可之後，企業甚至可以有意識地使產品斷檔，使消費者產生該產品不錯、緊俏的印象；然後再大批量上市，又會給消費者造成煥然一新的感覺。

(2)努力實現鋪貨量與實銷量的同步。鋪貨量的提前量要適度。從經驗看，鋪貨量不宜超過實銷量的 20%，鋪貨量的加大時機比實銷量增長提前半個月左右為宜。

5 掃街鋪貨的基本步驟

一「掃街」最主要有兩個方面內容

1. 全數普查區域內零售終端客戶

普查內容分為經營信息和基本信息兩大類。其中，經營信息主要包括門店性質、門店經營面積、經營狀況、購買者性質、購買方式、商圈覆蓋範圍、同類產品的進貨管道、同類產品的（日均或月均）出貨量、資產情況，其他經營項目等；而基本信息主要包括店面名稱、店面地址、經營者姓名、聯繫電話等。

2. 主要競爭對手終端普查

普查內容包括競爭品種類、競爭品價格體系、利潤空間和返利、商品陳列與展示情況、促銷方式、市場管理、合作時間、客情關係、客戶對主要競爭對手的評價等。

為了保證「掃街」的計劃性、組織性，需要廠商業務員配合，事先制訂調查表格、設計信息採集方式、規劃「掃街」路線，同時要落實時間計畫、參加人員、交通工具等。最好要求廠商業務員協助做成「掃街」工作「甘特圖」（線條圖），按圖索驥，以保證「掃街」工作的效率。「掃街」結束後，按照區劃和「掃街」路線分類建立終端信息檔案，以備制訂進店方案和後期的終端維護。

二、「掃街」的基市步驟

為了有效地開展工作，培訓基本掃街程序，拜訪技巧和溝通訓練是第一步。接下來最關鍵的就是：如何保證散落在各處的小店資料不遺漏，以及能保證調查的順利實施。「掃街」活動具有週期性，每天的活動內容都相同，主要包括：早會、走訪、標圖、記錄和晚會。這項工作需要業務人員做到認真、仔細、真實、不遺漏、不重複，而且還要有耐性。

1. 早會

早會是每天進行「掃街」的第一步，是實施「掃街」工作的前期準備階段。早會的內容包括研究調查區域總地圖，設計當天大致的行走路線以及確定出發點和結束點。每天「掃街」的計畫必須在當天早會上進行，這樣目標更明確，也能避免業務代表拖拖拉拉。

此外，在早會上，「掃街」工作的主管人員還應提醒「掃街」人員領取當天調查要帶的表格（調查表的數量要說明）、地圖（總地圖及區域地圖）並注意檢查是否攜帶相關工具（包括筆、夾板）。

2. 走訪

在早會結束之後，「掃街」人員便開始了一天的「掃街」工作，主要是按確定的行走路線走訪並調查。調查時以大路為主線靠右行走，避免大面積地錯過街區，並減少回頭重訪的工作量。

這要求「掃街」人員注意以下幾點：

(1)在每天到達指定調查區域並開始正式調查之前，首先在調查區域內快速行走一遍，以便熟悉路線走向。

(2)需按預先確定的路線並按順序行走，不可跨區調查，也不可

任意穿插路線。

(3)調查要全面。無論在地圖上是否標出，沿途只要遇到有街或巷都必須進入，並在地圖上標明該路段。將客戶位置和客戶序號準確地標在區域分地圖上，並將此編號圈起來。每張分地圖的客戶序號都必須從 1 開始，依次往下標，如 2、3、4……而對地圖上沒有標出的路、街或巷，應用紅筆在地圖上繪出該路段和明顯識別標記（如建築物、單位、看板等），並標上路名。此外，單行線、禁轉路口、手推車路線也要標明，這是為了以後配送的順利進行。

3.調查

「掃街」人員應注意以下幾點：

(1)每一張調查表都必須有調查者姓名、編號、調查日期，即調查區域編號。

(2)字跡清晰，填寫完整。

(3)如有特殊情況，可用紅筆在相應位置標明。

4.晚會

晚會與早會相對應，是對「掃街」人員一天工作的總結與評價。此時，「掃街」人員應當核對、整理當天的表格及地圖，並交回「掃街」工作的主管人員，並就當天「掃街」過程中出現的一些問題與主管人員及時進行溝通。

6 鋪貨後階段

鋪貨工作結束後，即使完全達到既定的鋪貨目標，並不意味著產品就能成為暢銷產品，實現良好的銷售。通常，在鋪貨工作結束後，企業還要做好回訪工作：

1. 切實、及時地履行商業承諾，妥善處理商業糾紛

對於在鋪貨工作中對終端業主的承諾，在鋪貨結束後一定要切實、及時地履行。

2. 利用前期鋪貨記錄，及時對已鋪貨終端客戶開展回訪工作

回訪的目的首先是加強感情溝通；其次是補貨（一有銷售立即補貨）；第三是收集意見，解決問題。回訪時同樣要做好記錄，這些基礎資料會給今後的日常管理帶來極大方便。制訂詳細的回訪制度，明確回訪人員：鋪貨人員兼職、專門人員；回訪內容：終端首次進貨數量、銷售數量、日均銷量、終端商和消費者意見、促銷品投放是否到位、價格政策執行情況、是否需要補貨、感謝和讚揚終端商；回訪頻次：每日回訪、隔日回訪、每週一次回訪；回訪時間，回訪對象：老闆、服務員、消費者。時間允許上門回訪，時間緊張電話回訪。回訪要有詳細記錄，並及時彙報和回饋回訪信息（出現的問題、顧客建議和意見、競爭對手動向、銷售情況等）。

在回訪過程中，要向銷售不力的商店業主多介紹其他商店業主的銷售及管理經驗，如介紹其他業主如何激勵員工，如何售後服務，如何規範員工的工作等。

不要打出廠家要求終端業主如何、如何做這張牌，那樣會使終端業主產生消極或抵觸情緒，對公司的各項要求敷衍了事，不能達到提高的效果。而用別的終端業主的經驗對其引導，使得現有終端業主容易採納，並會設定超過別人的行動目標以顯示自己的能力及水準，可以達到超出廠家所提要求的效果。

對沒有進貨的售點也可以回訪。多次拜訪、給客戶介紹近幾天的鋪貨情況，可能會感動、刺激客戶，促使其改變主意，最終進貨。

3.確保「鋪貨目標」得以實現

為了確保「鋪貨目標」得以實現，廠家還應對鋪貨情況進行檢查，僅僅知道成交客戶數量、新產品鋪出多少等數字還不夠，還需要到市場上去盤點新產品的陳列面。

在實際銷售活動中，經常有下列現象存在：店主已經訂貨，但是貨還沒有送達；貨已經送達，但還沒有陳列出來；貨已經陳列出來，卻被擺放在角落的最下層貨架上；企業為了吸引消費者製作的各種各樣的陳列材料，因銷售人員「怕麻煩」而沒有使用，既造成了浪費，又影響了鋪貨效果，如此等等。消費者看不到產品，鋪貨就沒有多大意義。因此，一定要進行鋪貨盤查：產品是否已經陳列到貨架上？有幾排幾列或幾處？是不是擺在理想的位置上？具體而言，鋪貨調查的內容主要包括以下幾個方面：

⑴鋪貨的網點數量：產品的網點數量是否達到預定的目標？

⑵特殊陳列：產品在大型百貨、連鎖超市的大量陳列是否已經做到？

⑶店主反應：零售商對產品或送貨服務有無意見？

⑷消費者反應：產品品牌的知名度、美譽度如何？消費者是否拿到了免費樣品？消費者買到新產品了嗎？

(5)銷售業績：達到預定銷售目標了嗎？未完成還是超額完成？是何原因？

(6)產銷協調：市場上有無缺貨或產品積壓現象？

4. 做好鋪貨後的服務

鋪貨服務階段往往會伴隨著大量的廣告或促銷活動。在這一階段，市場往往會因大量的行銷投入而開始啟動，此時，廠家的業務人員應爭取做好以下幾項工作：

(1)對所在區域市場的鋪貨實際情況撰寫書面總結，要求重點突出鋪貨過程中出現的問題與不足，要提出自己的解決措施。

(2)根據《鋪貨一覽表》安排好人員的第二次拜訪和第三次供貨，並認真填好《市場調查跟蹤表》。

(3)需要針對鋪貨沒有達到既定效果的區域反復進行研討，重新審定鋪貨思路和方法，確定該區域是「補鋪」、「重鋪」或採取其他手段，並提出建議方案。

心得欄 _____

_____

_____

_____

_____

_____

7 業務員拜訪零售店的工作過程

目前銷售通路中存在諸多問題，如網路的格局或經銷商的規模、素質、經營意識等，廠家不能把開發市場的希望和責任全部寄託在經銷商身上。

將鋪貨管理的重心前移，而業務代表應現實需要不斷發展壯大，他們可以協助經銷商、二級批發商開發、建立零售終端網路，將其隨意性的進貨習慣逐步轉變為相對穩定的長期供需關係，改坐商為行商，將終端零售店逐步納為網路成員，從而掌控終端、掌握市場。

大量的鋪貨工作可以作為終端開發的一項重要手段：新產品上市的導入期階段，鋪貨是必不可少的一項工作，幫助企業打開產品知名度，獲得市場貨架上的一席之地；產品逐漸進入成長期時，企業需要用鋪貨促進其提升；當產品轉入成熟期，要通過鋪貨提高見貨率。在由淡季轉入旺季時，需要用鋪貨搶佔終端庫位；在由旺季轉入淡季時，還是要通過鋪貨來力保在漫長的淡季裏產品的陳列面。鋪貨活動需要大量人力的投入，如果沒有一支穩定的隊伍，將會造成大量資源的浪費。

企業花費鉅資做廣告「空中轟炸」，如果沒有業務代表們的鋪貨配合，其作用甚微。業務代表不僅僅要進行鋪貨，還肩負著終端維護、商品陳列、理貨和檢查、售點廣告、POP、DM 宣傳畫的管理、終端促銷的檢查落實和兌現、客情關係的溝通和加強等工作。

一、先對客戶的分級訪問

將成熟客戶區分為 A、B、C 級並分別進行管理。根據 80/20 原則，20%的大客戶能給企業帶來 80%的利益，因此對這部份大客戶應當多加照顧。企業在派出業務代表訪問這部份客戶時，應勤於訪問，訪問次數應根據其重要程度而適當增減，業務代表應把主要時間和精力放在最重要的客戶身上。業務代表對於轄區市場信息要深入瞭解，而且要對客戶訪問的次數進行分析、檢查並採取相應對策，在對客戶進行分級訪問時，業務代表需要注意以下幾點：

1.利用時間並提升業績

為利用時間並提升業績，將客戶按 A、B、C 類進行分級管理後，再評估客戶的鋪貨量、規模、協調程度、發展潛力等決定訪問頻率。當發現對重要客戶的拜訪次數不足時，應要求鋪貨員增加訪問次數、強化訪問品質，並評估每次的訪問目標是否都順利達成。

2.注意客戶拜訪輔助方法的應用

為增加訪問頻率，可交叉使用登門訪問、電話訪問、信函訪問等各種方式，從而加強與客戶的感情溝通。

成功的業務代表，除了不隨意浪費時間，勤於訪問客戶、增加訪問次數之外，還要善於利用各種輔助方法來增加對客戶的「關心」程度。例如，經常隨身帶有明信片、信封、郵票等，以便於在初次訪問或再次訪問的前三日郵寄信函給即將訪問的對象。這種信函可以在旅館、途中等多種場合書寫，將信函視為自己的分身，利用它們來增加自己與客戶間的友誼。對重要客戶要經常檢查是否勤於訪問，對次要客戶也要檢查是否過度訪問。

3.仔細確定客戶拜訪次數的增加和減少

對次級客戶的訪問次數偏多(即過度訪問)時，必須適度減少訪問次數。對於決定是否增加或減少「訪問次數」，可以參照預先制訂的「客戶訪問次數標準規範」。關於「客戶訪問次數標準規範」，可以先採用經驗法則，例如，對於 A 類客戶，每年訪問 48 次；對於 8 類客戶，每年訪問 24 次；對於 C 類客戶，每年訪問 12 次。

但這些訪問次數僅僅是初步估計，企業還應針對 A、B、C 類客戶研究其鋪貨的反應，主要體現在利潤上。客戶的鋪貨反應與訪問次數之間呈對應關係，如果每年訪問 48 次與訪問 24 次的鋪貨量或利潤一樣，那麼訪問 24 次的效率就比訪問 48 次的效率要高，因為這樣可以節省鋪貨費用和拜訪時間。

二、業務代表拜訪零售店的 8 個步驟

業務代表拜訪零售店就是要完成企業的任務：產品鋪貨上架、終端維護、零售店店員培訓、店老闆的感情溝通等工作，主要包含以下 8 個步驟：

1. 事前計畫

事前計畫是要業務代表明確拜訪目的，這次拜訪是去收貨款，是理貨，是終端 POP 的維護，是向老闆宣傳鋪貨政策，還是加強感情，不同的拜訪目的決定不同的拜訪方式。

其次在事先計畫時，業務代表要根據當地零售店分佈和交通線路設計這次拜訪的路線，先拜訪那家店，每家店停留的時間是多少。有一些公司規定，要把每次拜訪線路寫下來，作為工作記錄。即便公司不這樣規定，業務代表頭腦中也要有圖，心中要有數。

要注意攜帶當地零售店的資料表、當地市場容量的分佈表、當地競爭對手的情況表、市場動態記錄表、客戶的基本資料和當地市場的一些基本的資料，這樣準備工作才算完成。在拜訪客戶的時候要及時更新上述資料，以便及時分析市場情況，豐富公司對市場的認識。還要注意攜帶一些相關活動的 POP、禮品等。

做事前計畫時也要瞭解店老闆的工作規律，如果業務代表有重要事情和店老闆談，就要選擇合適的時間和場合。

如果是一般性質的拜訪，要求業務代表在第一時間出現在店老闆面前，成為老闆遇到的第一個業務代表。有的店老闆比較忙，在拜訪前要電話預約。

2.掌握政策

有的行業，價格和市場信息的變化比較迅速，比如 IT 行業和通信行業。所以業務代表在出發拜訪客戶前要和公司的鋪貨經理溝通，掌握今年的鋪貨政策和市場動態；同時還要和負責這個零售店經銷商的業務經理打招呼，掌握經銷商的政策和市場動態。綜合兩個方面的市場動態，基本上可以準確判斷市場的變化，價格是上漲，還是下跌；別的代理商在做什麼事情；別的廠家在做什麼事情，以確定和零售店老闆溝通的基調，同時還要瞭解公司的促銷政策。

新的促銷活動用什麼方式，什麼時候開始。現在促銷活動進行到什麼階段，禮品什麼時候到，到多少，分配的原則是什麼。這樣在和老闆溝通的時候才能吸引老闆的注意。

3.觀察店面

業務代表的一個職責是當零售店的顧問，老闆希望業務代表給自己提出一些專業建議。有些業務代表到零售店就找老闆談業務，沒有仔細觀察店面。觀察店面可以看到自己 POP 的擺放情況，可以

看到競爭對手的 POP 及促銷活動的情況，掌握第一手市場情報。業務代表可以通過觀察店員的精神面貌、店內的人流量來瞭解老闆的精神面貌，為業務的溝通打下基礎。

善於觀察的業務代表往往能幫老闆發現問題，提出建議，解決問題，從而贏得老闆的信任。善於觀察的業務代表還可以在觀察中學習，在和老闆交流零售店管理經驗的時候，不斷提升自己的專業水準。業務代表在零售店之間傳遞經驗的時候，就是當地銷量擴大的時候。

4. 解決問題

零售店是業務代表信息來源的主要方面，也只有通過對零售店的掌控才能更好地掌控經銷商。所以業務代表要不斷地解決零售店的問題，為零售店做好服務。這些問題包括：零售店在促銷活動中遇到的問題；促銷的禮品是否能及時到位；經銷商的服務情況；售後服務的情況；鋪貨的壓力在什麼地方；需要什麼方面的培訓和支持。業務代表要和經銷商的業務代表共同解決這些問題。

通過解決零售店的問題，業務代表可以知道經銷商對零售店的服務怎麼樣，從而對經銷商進行監督，也為今後更換經銷商打下基礎和找到理由。

5. 催促訂貨

拜訪終端的目標是：讓零售店與自己理念共通，主要推薦自己的產品；使銷量持續上升；完成公司的管道規劃目標。

以上這些目標中，核心是讓零售店推薦自己的產品，所以業務代表訪問零售店的最根本目的是出貨，只有在一定出貨量支持下的拜訪，才是有價值的。

業務代表要瞭解零售店的鋪貨情況和鋪貨結構，如果貨源不足

就一定要求進貨。一般來說「見面三分情」,業務代表在場,店老闆也不會進競爭對手的產品。

6.現場培訓

零售商每天面對太多的業務代表、太多的公司、太多的信息。那麼老闆會主推誰的產品呢?除了銷量大、利潤豐厚的產品以外,就是他最瞭解的公司的產品。因此銷量的大小就取決於老闆的認知程度,這個道理對於店員更是如此,店員更傾向於鋪貨自己最熟悉的產品,賣自己最喜歡的業務代表的產品。培訓老闆和店員是業務代表的一項核心任務。

主要培訓內容有產品知識、廠家的歷史和未來、廠家的經營理念、促銷活動的操作辦法、介紹其他店的鋪貨技巧。

7.做好記錄

對於日用消費品企業來說,一般情況下,業務代表一天要拜訪15~30家店,不可能把每一次的談話和觀察到的東西、商業信息等都記在自己的腦子裏面,因此書面記錄是有必要的。在記錄問題的時候要貫徹 5W1H 的原則,也就是要記:什麼事情,什麼時候,和誰有關,在那裏發生的,為什麼這樣,零售店老闆建議怎樣解決。

8.報表回饋

報表是企業瞭解員工工作情況和終端市場信息的有效工具,同時,精心準確地填制工作報表,也是鋪貨人員培養良好工作習慣、避免工作雜亂無章、提高工作效率的有效方法。

工作日報表、工作週報表、月計畫和總結等,都要根據實際情況填報,工作中遇到的問題要及時記錄並向主管回饋。

主管要求定期填報或臨時填報的用於反映終端市場信息的特殊報表,終端工作人員一定要按時、準確填寫,不得編造,以防止因

信息不實而誤導企業決策。

　　如果業務代表對零售店的拜訪能堅持上面 8 個步驟，並且企業在各個環節利用零售店資料表格、業務代表工作計畫等表格進行管理，那麼業務代表對零售店的拜訪將是高效的，整個企業的基礎管理才是堅實的。

三、說服的過程

　　業務代表想把產品快速鋪進經銷商的倉庫，最終鋪到售點的貨架上，離不開對經銷商、零售商甚至消費者的說服。說服鋪貨包括以下 4 個過程。

1.陳述情況

　　必須使客戶知道企業在提出建議前已經考慮並瞭解他的情況，最好作一個簡單的說明。在這個情況說明中，不但要陳述市場、消費者的概況，還要就以下幾方面內容作出說明：

　　⑴需求。企業開發的產品就是要滿足各方面的需要，向客戶介紹產品的需求狀況有利於客戶接受企業的業務。

　　⑵市場機會。新產品、新技術會帶來很多市場機會，鋪貨企業產品會給客戶帶來無限商機。

　　⑶利益。向客戶介紹本企業的產品能夠獲得那些方面的利益。

　　⑷鋪貨政策。就是說明本企業可提供的鋪貨優惠和幫助。在陳述情況時，必須要做到引起客戶的興趣。如果客戶對陳述不感興趣，必須運用溝通技巧，詢問並瞭解客戶真正的需求。

2.陳述鋪貨計畫

　　在這個步驟中，鋪貨人員必須注意：要簡單、清楚；必須符合

客戶的需要和機會；需要有行動的建議。

3.陳述運作細節

鋪貨細節主要包括：誰負責什麼，何時、何地、如何進行和怎樣進行；可能的問題和異議；幫助客戶進行評估。

在陳述運作細節時，為了突出客戶利益，需要鋪貨人員簡單地總結所有提議，然後重點強調客戶最滿意的利益，以表明企業對客戶利益的充分重視。

4.達成交易

在客戶決定與業務人員合作的時候，業務人員要趁熱打鐵，督促客戶簽訂合約與協定，以免節外生枝。

四、說服的技巧

業務代表在進行說服性鋪貨時要意識到，要快速達成鋪貨目標，需要運用一定的、有效的技巧。只要技巧使用恰當，就能夠加速鋪貨成功。

有效的說服技巧主要包括有：

1.斷言的方式

鋪貨人員應該在掌握全面的產品知識和客戶信息的基礎上，十分自信地與客戶交談。不自信的語言是缺乏說服力的。有了自信以後，鋪貨人員在講話的尾語可以作清楚的、強勁的結束，由此給對方確實的信息。這是讓對方產生好感的重要基礎。鋪貨人員在客戶面前要保持專業的態度，以明朗的語調交談。

2.感染

要達到鋪貨的目的，僅靠鋪貨人員流暢的語言和豐富的知識還

是不夠的。最重要的是將心比心，坦誠相待。因此，對企業、產品、方法和自己本身都必須充滿自信心，態度和語言要表現出內涵，這樣自然會感染對方。

3. 反復

就是把重要內容反復強調，從不同角度加以說明。這樣，能夠使客戶加深對鋪貨人員所講內容的印象。需要注意的是，要從不同角度、用不同的表達方式向對方表達重點說明的內容。

4. 學會當好一個昕眾

在鋪貨過程中，儘量促使客戶多講話，自己以聽眾的身份出現，並且要讓客戶感到是自己在選擇，按自己的意志在購買，這樣的方法才是高明的鋪貨方法。所以，要認真聽取對方的意見和態度，必要時可以巧妙地和對方講話；有時為了讓對方順利講下去，也可以提出適當的問題。

5. 提問的技巧

高明的商談技巧應使談話以客戶為中心而進行。為了達到這一目的，鋪貨人員就應採取有效的提問方法，以達到應有的效果。通過技巧提問，可以瞭解到客戶的心理狀態，以及鋪貨成功的可能性。

6. 利用在場人員

將客戶的朋友、下屬、同事通過技巧的方法引向企業的立場或不反對企業的立場，能夠促進鋪貨。優秀的鋪貨員會把心思多一些用在如何籠絡正好在場的客戶的友人身上，來替你說話。

7. 利用其他客戶

靠自己的想法，不容易使對方相信，在客戶心目中有影響的機構或有一定地位的人的評論和態度是很有說服力的。

8. 利用資料

就是熟練地運用能夠證明自己立場的資料。一般來講，客戶看了這些相關資料會對企業鋪貨的產品更加瞭解。鋪貨人員要收集的資料，不應只限於平常企業所提供的內容，還應通過訪問客戶等管道，對批發商、同業人員所反映的信息進行收集、整理，在介紹時，可以充分利用。

五、業務代表鋪貨過程需注意的細節

1. 當到一個地方時，要打聽該市場產品主要銷售的地方。

2. 鋪貨開始一定要選好鋪貨的第一家，無論如何也要拿下第一家，然後利用「盲從心理」和榜樣效應，順利實現對其他商店的鋪貨。

3. 到達客戶商店後，售點的負責人通常有幾種情況：

⑴正在忙著做生意；此時業務代表應稍等一會，等售點負責人忙完手頭的事務後再與其接洽；

⑵正在和別人談話或打牌玩耍；這種情況下，業務人員應該迴避，另找機會再來拜訪；

⑶無事可做。這是一個較好的推銷機會，業務人員應立即就相關事宜與負責人商討。

4. 拿樣品給店主介紹產品：

⑴避開競爭品長處，推銷自己產品的長處指出競爭品的短處；

⑵介紹企業的長處和優勢；

⑶介紹該產品的利潤空間和產品的賣點；

⑷一定要觀察店主的表情，隨機應變，做到有的放矢。

5.拜訪後的結果處理：

⑴鋪貨成功，要告訴店主注意通路價格，幫助店主卸貨，並在商店陳列好自己的產品，留下訂貨電話，做好零售商檔案；

⑵鋪貨不成功，不要灰心，同樣留下樣品、訂貨電話，記錄好該店的電話，下次再來推銷。

6.作為業務人員，一定要有必勝的信心，不同的客戶有不同的性格，要察言觀色，說不同的話，注意讚美語言的運用等。

7.鋪貨應注意一個重要原則：對於新市場和新產品的第一次鋪貨來講，大二批、小二批、批零兼營、超市、零售店在鋪貨數量上一定要做到越接近終端，鋪貨的點要越多，而不要把精力和時間都放在大二批上面。另外在鋪貨時也不要遺漏對產品的主要消費場所的鋪貨，例如速食麵的主要集中消費場所在學校，那麼鋪貨路過學校時就應該停下來進行重點鋪貨和宣傳。

8.在鋪貨過程中要做到四勤二快，即嘴勤、眼勤、手勤、腿勤、動作快、反應快；要善用鋪貨 4 件寶：計算器、地圖冊、工作日記、客戶檔案。

心得欄

93

8 業務員如何拜訪經銷商

　　業務人員拜訪經銷商是維護企業與經銷商長期穩定的協作關係的一種有效方式。從選擇、確定經銷商到與經銷商正式洽談，是業務人員接近經銷商的階段，也是關鍵的階段。在這個階段，重點要做好兩個方面的工作：

一、制定詳細的拜訪計畫

　　企業鋪貨活動要依靠經銷商的支援，但是這並不是簡單隨便地增加與客戶約見的次數可達到的，而必須是週詳地考慮拜訪的內容，再分配活動時間，然後再依次實施。所以，這就需要組織內容詳細具體的拜訪計畫。主要包括以下幾個方面：

　　1. 拜訪要涉及的內容

　　在約見經銷商前，業務人員必須明確：一是從一定數量的逐戶訪問活動中，所得到的必須訪問的客戶數量，進而明確自己開發客戶的能力；二是培養了一定數量的準客戶後，在一個月內，究竟有多少達到拜訪的程度，從而明確自己準客戶的培養能力；三是通過拜訪客戶最後能夠得到多少訂單，從而明確自己締結訂單的能力。

　　2. 確定拜訪的對象

　　銷售人員必須要搞清楚拜訪的對象，認準有權決定購買的對象後，再進行拜訪，避免把推銷努力浪費在那些無關緊要的人身上。

3. 選擇拜訪時間

銷售員要掌握最佳時機，一方面要廣泛收集信息資料，做到知己知彼，另一方面也要培養自己的職業敏感，擇機而行。最佳的拜訪客戶的時機主要有：客戶剛開業，正需要產品或服務時；對方遇到提拔、獲獎等喜事時；客戶剛領到或增加工資時；節假日，或對方組織各種紀念活動時；客戶遇到困難急需要幫助時；客戶對原先產品有意見，對競爭對手不滿意時。

4. 拜訪地點

在與銷售對象接觸的過程中，選擇一個恰當的拜訪地點也十分重要。拜訪的地點不同，對銷售結果就會產生不同的效果。為了提高成功率，業務人員應學會選擇效果最佳的地點拜訪客戶，從「方便客戶，利於銷售」的原則出發擇定約見的合適場所，主要有：家庭、辦公室、社交場合等。

5. 拜訪方式

一般而言，拜訪客戶的目的是為了最終實現鋪貨目標，然而，業務人員採取什麼樣的具體方式拜訪對方是一個必須慎重考慮的細節問題。簡單地講，拜訪方式就是是否需要與客戶進行訪問前的預約聯繫。最好通過事先預約的方式與客戶見面，這種成功率更高一些。如果業務人員事先通知客戶上門拜訪的時問和地點，並得到對方的同意，洽談時銷售雙方能夠較快地進入角色，有利於節約時間，提高銷售效率。

二、確定有效的拜訪約見方式

拜訪約見的方式主要有：

1. 信件約見

也就是銷售人員利用各種信件約見客戶的一種聯繫方式。這些信件通常有個人書信、會議通知、社交請柬等，其中以個人通信的形式約見客戶的效果最為有效。利用信件約見可以把廣告、商品目錄等一同郵寄。

2. 電話約見

這是一種常用的約見方法。它的優點在於迅速方便，與書信約見相比，可節省大量時間和不必要的往來奔波。如果是初次電話約見，在有介紹人的情況下，需要簡短地告知對方介紹者的姓名、自己所屬公司與姓名、打電話的事由，然後請求與他面談。務必在短時間內給予對方以良好的印象。在採用電話約見的方式時，獲得約見成功的關鍵是銷售人員必須懂得打電話的技巧，讓對方認為確實有必要會見你。由於客戶與銷售人員之間缺乏相互瞭解，電話約見也最容易引起客戶的猜忌、懷疑。因此，業務人員必須熟悉電話約見的正確方法。

3. 訪問約見

這是業務人員對客戶進行當面聯繫訪問的一種最為常見的方法。業務人員可以利用各種與客戶見面的機會進行約見。一般情況下，在訪問約見中，能夠與具有決定權者直接面談的機會較少，但還是應該力爭與具有決定權的人員預約面談。這是具有一定難度的，業務人員必須講究一定的方法和技巧。

在拜訪過程中，業務人員要準備 8 種資料：名片、企業簡介、產品簡介、樣品、價格單、促銷方案、企業的銷售政策、服裝。

客戶位址分類表

地區：　　　　　　　　　　　　　　　　　　負責人：

項次	客戶名稱	地址	經營類別	不宜 訪問時間	備註
訪問路線圖					

心得欄

----

9 如何有效支持經銷商

支持是經銷商嘴裏念叨的最多的一個詞句，也是一個讓廠家煩心不已的詞。如何有效支持經銷商是企業與經銷商發展長期客戶關係的一個重要問題。

一、支援的種類

目前，廠家對經銷商提供的支援多種多樣，主要有以下幾種：

1. 樣品支持：給經銷商免費提供部份樣品；

2. 產品支援：廠家可以為特定的經銷商提供特定型號產品的支援；

3. 廣告支援：廣告支援包括全國性媒體廣告的支援以及局部區域媒體的廣告支援、POP 宣傳海報、橫幅等；

4. 促銷支持：在國慶、五一等大型節日提供必需的促銷支援，以及根據經銷商當地市場情況所做的有針對性的促銷活動；

5. 資金支持：廠家可以為經銷商提供資金上的融通；

6. 信息支持：廠家收集全國以及經銷商所在區域市場競爭對手的產品市場特點，消費者消費行為等信息提供給經銷商，以便經銷商更好地掌握行情及市場動態，及時捕捉商機，降低風險；

7. 價格支持：廠家可給特定經銷商以價格上的支援，如為促銷提供特價機等；

8. 面子支持：經銷商在某些場合需廠家高層管理人員出面，廠

家給予支持；

9. 服務支援：對銷售的產品提供安裝維修等服務支援；

10. 協助支持：廠家可以協助經銷商進行市場開拓；

11. 大客戶支援：經銷商在開發大客戶時，廠家可以提供特價的支援；

12. 公關支持：支持經銷商參加各種公關活動，迅速提升品牌形象，促進銷售；

13. 區域保護支援：廠家保證經銷商各自經營各自的區域，嚴禁跨區域銷售的支援；

14. 開店支持：為經銷商開新店提供各個方面的支援；

15. 裝修支持：廠家為經銷商提供店面裝修統一的佈局、樣品的上樣、整體 VIP 風格的設計等方面的支持；

16. 培訓支援：廠家為經銷商培訓業務員，也包括對經營者本人的培訓。

當然，廠家給經銷商提供的支援遠不止這些。廠家為經銷商提供支援其根本目的不是在於替經銷商做市場，而是在於教會、支援經銷商做市場。廠家能夠為經銷商提供週到的行銷服務、業務培訓和指導市場開發與管理等才是最好的支援。

二、如何向經銷商提供有效支援

1. 根據經銷商經營生命週期的不同階段採取不同支持

經銷商按其所處的生命週期的不同階段可以分為：創業階段、成長階段、成熟階段三大類型。三類經銷商所處發展階段不同，各

自的優勢和困難也不同，需要廠家給予的支援方式和力度也會有所差異。

(1)創業階段的經銷商

處於創業階段的經銷商通常規模不大、資金實力不足，但他們對鋪貨都會全力以赴，而且樂於向廠家學習，會竭盡全力配合廠家。創業階段的經銷商在廠家的支持下，會不斷壯大，他們對廠家的忠誠度非常高，不會輕易背叛該廠家而投奔其競爭對手旗下。

針對創業階段的經銷商普遍缺乏資金的特點，企業一方面可通過培訓協助促銷、指導陳列等方式，協助經銷商進行鋪貨推廣；另一方面，企業可以對其降低單次進貨數量，採取少量多次的進貨方法，儘量減少流動資金佔用。此外，廠家應協助其做好網路建設，加強他們系統推廣能力方面的指導。

(2)成長階段的經銷商

處於成長階段的經銷商往往業務發展迅速、發展空間大，比較配合廠家的鋪貨工作，與合作廠家關係比較密切。如果廠家能與其緊密合作，一般快速鋪貨都會收到比較理想的效果。但是成長階段的經銷商通常會面臨高素質行銷人員儲備不足和無法突破管理瓶頸等問題。綜合看來，成長型經銷商是廠家最理想的合作夥伴。成長型經銷商由於發展迅速，開始擴大經銷產品面，會選擇更多的品牌一起來運作。廠家要引導成長型經銷商把人員、資金、鋪貨推廣等集中到自身產品身上。廠家可以派自己的得力幹將與經銷商一起工作，通過培訓、示範來提高經銷商的綜合鋪貨能力，甚至可以把自己的優秀員工輸送給經銷商，解決其人才短缺的問題。

(3)成熟階段的經銷商

處於成熟階段的經銷商一般具有多年行業分銷經驗，經銷的產

品相對較多。廠家一方面要發揮經銷商代理品牌多的優勢，降低進場費、促銷費等費用；另一方面要避免自己的產品在經銷商的「產品堆」中得不到重視。但成熟型經銷商也存在對單產品精力投入不足和庫存管理混亂等問題。

企業對成熟經銷商要勤拜訪，及時發現問題，贏得好感。廠家要充當好督導員和管理員角色，不斷從終端和倉庫幫助經銷商發現問題，並幫助其尋找合適的解決辦法，實現產品從經銷商倉庫到售點貨架的快速移動，儘量避免出現產品積壓。

2.根據經銷商等級不同階段採取不同支援

對不同等級的經銷商，廠家根據市場的需要在支援政策上有所側重。經銷商的等級越高，獲得的支持也就越多：

(1)對 A 級經銷商的支持

A 級經銷商一般規模較大，並有與廠方共同成長的經歷，廠、商之間利益休戚相關，在某種意義上彼此扮演著「合夥人」的角色。對這類經銷商，廠方應鞏固和維持這種關係，培養忠誠並加強控制。因這類經銷商與廠家利益高度一致，經銷商經常配合廠家策略開發市場，廠家要對此類經銷商大力扶持，盡可能減少廠家違規操作給經銷商帶來負面影響（如送貨不及時、斷貨等）。同時，廠家還要幫A 級經銷商創造效益，廠家應把其作為商業合作夥伴對待，幫助其做好發展規劃，協助提高經營管理能力，實現共同發展。

(2)對 B 級經銷商的支持

B 級經銷商一般規模大、信譽好，但與廠家的關係一般，缺乏品牌忠誠度。他們往往經銷同一品類的許多品牌，追求整體利潤而不在乎某一品牌的上量。由於市場競爭日趨激烈，這類經銷商往往希望與供應商結盟以鞏固並壯大其市場地位。首先，經銷商需要源

源不斷的新產品支援，以獲得豐厚的利潤；其次，這類經銷商需要合適的鋪貨目標和銷售獎勵。

(3)對 C 級經銷商的支持

C 級經銷商一般規模中等、信譽良好，有較完善的分銷網路並在某一區域市場上有較強實力。但這類經銷商代理廠家的產品時間不長，對品牌的忠誠度不高，它們處於成長階段，希望做大做強，往往急功近利地追求那些能上量的產品。對 C 級經銷商最好的支持是幫助其解決成長的瓶頸。支持可以是幫助其制訂發展規劃，進行經營管理培訓，幫助其培訓或引進合適的專業人才；其次，可以協助其進行地域擴張，在做大經銷商規模的同時也就擴大了廠家市場。

心得欄 _

_ _

_ _

_ _

_ _

_ _

第 四 章
商品鋪貨的業務員工作要項

　　有效的鋪貨，應當由相當瞭解市場零售點的業務代表來進行，對業務代表進行事前鋪貨培訓，不讓工作僅僅流於形式。透過規範的管理、認真有序的培訓、嚴格有效的實戰鍛鍊，使業務代表鋪貨成功。

1 要先針對業務員作鋪貨培訓

　　有效的鋪貨應當由相當瞭解市場零售點和直銷點狀態的「熟手」（業務代表）來進行。「熟手」的要求是：有一定的市場運作經驗，瞭解客戶的信用狀況、鋪貨情況、資金實力及來源、相關的管理人員及習性，甚至有沒有賴賬前科記錄等方面。

　　如果所在區域的市場業務代表為新手，在鋪貨前必須向熟悉該地區的批發商、直銷商或相關領域的同行鋪貨人員請教。市場業務代表對把握不準的經銷商，可採用「少量多次」、「讓利現款」和簽訂「供貨合約」等方式進行鋪貨，切忌急於求成。

一、業務代表的事前鋪貨培訓

如何讓業務代表儘快成長起來,真正成為企業急需的合格行銷骨幹,是每個行銷經理面前的難題。

1. 轉變業務代表的思維模式,形成鋪貨思維

許多業務代表都是剛從學校畢業,或者是從生產、技術、管理等崗位轉行而來,對行銷沒有任何經驗。這時,區域經理首要將他們的思維模式轉變過來,形成正確的行銷思路。這是業務代表成長過程中,必須關注的一個根本性問題;如果業務代表的思路沒有轉變過來,那麼鋪貨工作將無法開展。

區域經理在對業務代表進行思路轉換時,要明確以下幾點:

(1)結果重於過程。業務代表從事的鋪貨工作是很務實的,與業務代表的工資和提成通常是掛鈎的。許多新業務代表剛接觸鋪貨時總覺得過程重於結果。但是,從培養業務人員出發,從市場環境出發,結果決定一切!業務代表必須很快接受並執行這個「觀點」。

(2)忘記過去,從零開始。一些業務代表從事鋪貨時,在口頭上總會表現得很謙虛,說是從零開始;但是,在更多的時候,他們往往忘記不了自己的高等學歷、忘不了自己的聰明才智、忘不了自己過去的輝煌「戰績」,他們並沒有真正從內心接受現實,而是沉溺在以往的成功之中。業務代表要想成長,必須徹底拋棄這種觀念。

(3)業務代表大多是年輕人,他們認為自己有激情、有闖勁,但是這些都取代不了必要的經驗和閱歷,所以業務代表應該抱著謙虛、學習的態度虛心求教;同時,對待自己的工作,絕對不能以一個新手的標準來要求自己。

轉變業務代表的思路，需區域經理在旁邊多指導，讓其真正懂得何為終端，不能麻痺大意。

2.鋪貨前的指導

業務代表從事的鋪貨工作是最基層的操作、執行，他們需要在實踐中不斷積累經驗。從這個角度出發，區域經理應該讓這些業務代表早日接觸市場，直接到市場中去磨煉、摸索，培養出真正適合企業發展需求的優秀業務代表。

(1)區域經理應該讓業務代表在實踐前做好充分的準備。這裏就包括思路的轉變、對產品的熟悉程度、鋪貨的藝術、操作技巧等。

(2)區域經理應該安排老的業務代表帶一下新人。雖然新的業務代表經過了一系列的培訓，但是畢竟是紙上談兵。有老的業務代表帶隊，新人在熟悉整個市場狀況、學習與不同客戶進行談判方面會得到更直接的感悟。

(3)區域經理不應該一下子將所有責任壓在新業務代表身上，尤其是新業務代表剛接觸市場不久，這時區域經理應該放緩步伐，根據業務代表的實際表現逐步加大責任。有些區域經理出於各方面原因，甚至將那些隱藏大量後遺症的難題交給新手承擔，這種做法無疑不利於企業的快速鋪貨。

3.加強財務風險防範

業務代表在鋪貨過程中，對於財務風險防範不可掉以輕心。新手在財務風險防範方面，尤其希望得到區域經理和老業務代表的指導。

(1)所有的合約、文書必須合法、完整，保存良好。凡是業務代表做不了主的合作協定，必須得到區域經理的簽名認可；凡是業務代表插手做的事情，所有的合作條款必須清楚明晰，對方蓋章確認，

自己保留原件。不是自己管轄的事情，業務代表別插手。

(2)嚴格控制好鋪底放貨額度。有些企業為了更快地覆蓋整個市場，搶佔市場先機，會承諾給予各個經銷商不同的鋪底放貨額度，先將貨發給經銷商，等經銷商鋪貨完畢後才回收貨款。這樣當然存在相當的經營風險，業務代表必須嚴格控制好這其中的財務風險。

4.妥善處理遺留問題

每個業務代表接手新的任務，總會面臨各種遺留問題：前任承諾給經銷商的返利；經銷商因為種種原因，尚拖欠企業大量貨款；各種廣告費用無法報銷；產品進場費問題等。如何妥善處理這些遺留問題，對於企業的業務代表快速鋪貨能否收到預想的效果有很大影響。

業務代表當然絕對不能將所有這些遺留問題全部「繼承」下來，一定要考慮清楚：在自己職權範圍內可以解決的，業務代表可以答應妥善處理，但是一定要讓經銷商感覺自己是在幫他的「忙」，也就是說，經銷商「欠」了自己的情，是要「還」的；超過自己職權範圍或者是一些無理要求的，業務代表必須堅決拒絕，絕不能鬆口。

5.協調好利潤與客情關係

業務代表大多直接與各級經銷商打交道，要想搞好與經銷商的關係，最主要的方式有兩種：一是承諾給予經銷商較高的回報，因為經銷商是唯利是圖的；二是搞好廠商之間的客情關係，即通過感情來維繫雙方的關係。

不同的業務代表有不同的操作手法來維繫雙方的關係，總體而言，最好是以上兩種方式同時採用，針對不同的經銷商，業務代表可以在兩種方式中選擇一種方式作為側重點。

需要提示的是，業務代表在協調兩者之間的關係時，需把握好

以下兩點：

⑴不能片面地認為經銷商就是貪圖利潤的。經銷商久經沙場，很明白高風險高收益的道理，而各個競爭企業之間的鋪貨政策、返利程度大體相差不大，所以不能將「利潤」作為放之四海而皆準的神丹妙藥。

⑵業務代表也不能因為自己客情關係做到位了就可以幾個月不到市場去，每天只要打個電話就足夠了。也不能單純地認為與經銷商搞好客情關係就是請經銷商吃飯、娛樂這麼簡單。經銷商的本質還是追求利潤，如果他們沒有得到相應的回報，不管客情關係如何好，遲早要成「泡沫」。

6.上級的支持

業務代表在鋪貨過程中要得到區域經理和企業的大力支持，這些支持包括：根據業務代表業務能力的嫻熟，給予業務代表更高的職位，讓他接受新的挑戰；或者是給業務代表更大的權限，讓他承擔更多的責任。另外，企業還應加強對業務代表的專門培訓，包括產品知識培訓、鋪貨技巧培訓、促銷策略培訓等。此外，企業還應注意營造一個學習的環境，組織業務代表一起進行交流、學習，共同前進。

有了以上支援作為基礎，區域經理還需要不時地針對業務代表取得的成績，進行一些適當的鼓勵、誇獎，這樣通常可以極大地激勵業務代表自我成長，而且能創造出更佳的鋪貨業績。

二、鋪貨培訓的內容

1. 管理培訓

新招聘的業務代表必須按公司要求進行初期培訓，讓其對公司的企業精神和文化有所認識，樹立對企業的自豪感；對公司的規範和工作流程有系統的初步瞭解，能夠正確執行公司的政策並準確地傳遞公司的統一形象；初步瞭解公司的產品知識，能夠生動向客戶介紹產品的主要賣點和與同類商品的差異性。同時，要在實際工作中不斷地對其督促、指導，不間斷地組織培訓，幫助其提高。

2. 目標培訓

每一位業務代表必須要有每月、每週、每日的明確工作目標。因此，要引導業務人員重視自己的目標，並在目標確定的方式技巧方面給予一定的講解。

3. 產品知識培訓

利用機會對業務員進行產品知識培訓，熟悉產品的特點，才能有效發揮銷售效果。

4. 會議培訓

通過每日晨會、每週例會進行科學的培訓，激發其工作熱情，提高工作效率。

5. 流程培訓

通過嚴格規範的過程培訓，使普通員工很快達到標準化，提高工作效率，及時糾正錯誤的行動。

6. 時間培訓

業務代表的時間可分為直接彙報時間、業務投入時間、行政組

織時間及無效時間。要對業務代表進行合理安排利用時間的培訓，讓其瞭解通過 80/20 管理原則合理安排時間。

7. 評估培訓

合理的評估能夠激發人的潛能。可根據技能、資歷加業績將業務代表分為三級：

⑴ 助理業務代表，一般是中專生及以下學歷者，剛開始跑業務，缺乏經驗；

⑵ 業務代表，一般是中專或高中學歷或有一年以上相關工作經驗者；

⑶ 儲備幹部，一般是大學及以上學歷或有兩年以上相關工作經驗，業績突出者。

心得欄 ------------------------------

----

2 業務員的鋪貨工作內容

　　近年來，隨著競爭加劇，尤其是快速消費品的市場爭奪戰可謂短兵相接，產品鋪貨的市場重心明顯前移，於是，企業的終端業務代表也就變得尤為重要。組建一支強勢的業務代表隊伍對產品進行即時監控，對終端進行定時拜訪、隨時服務，給經銷商、二級批發商提供及時送貨的訂單，已成為企業產品決勝終端的關鍵。

　　終端工作人員，包括終端促銷人員和終端業務代表，是廠商最重要的終端資源，如何充分利用其資源，直接關係到自己產品終端導購競爭力和鋪貨業績。終端工作人員工作是否規範，直接影響到銷量和公司形象。在終端工作人員中，導購人員和終端業務代表是比較典型的代表。導購人員和業務代表應規範自己的工作，使工作更加有效。

　　業務代表要在一天內跑遍至少數十家售點。許多主管就直接將「跑店」作為一項工作任務下達給業務代表。然而，「跑店」僅僅是業務代表工作的一個表像而已，只是手段而非目的。如果只是對「跑店」的數量和頻率進行考核，而不明確「跑店」的真正目的和任務，難免會使得業務代表的工作僅僅流於形式。，

1.業務代表的三大任務

　　誠然，要羅列業務代表在「跑店」時的每一項具體事宜是一件困難的事，但是，拋開諸多細枝末節，我們不難發現，其實業務代表日常「跑店」可以用三大任務去總結：配貨、陳列和店員培訓。

(1)配貨

所謂配貨，就是根據公司的要求，在限定的時間內將產品銷入售點並擺上櫃檯，這是鋪貨過程中比較重要的一項工作。對於日用消費品來說，購買者的方便程度在很大程度上影響著產品的銷量。所以，廣泛的配貨，儘快鋪滿所有售點，是業務代表的首要任務。在新產品上市的前期和初期，鋪貨面和鋪貨速度尤為重要。優秀的業務代表能在很短的時間內把鋪貨率迅速提升至高水準，主要源於他們在日常工作中做好了以下基礎性的工作：

①建立「潛在售點」名錄。優秀的業務代表常在手中保存有一定的「潛在售點」即新售點的名單。這些「潛在售點」包括：那些全新的，與公司在過去完全沒有交往的售點；以往有交易，但目前沒有業務往來的售點；因某些理由而暫時不能進貨的售點；現在儘管有貨，但銷量極少的售點。有了「潛在售點」名錄，就要不時地對其進行分門別類。如根據前期「跑店」的初步效果將客戶分為「已有初步意向的售點」、「短期內有希望成交的售點」和「短期內有較小希望的售點」三類。這樣，業務代表在接到新的鋪貨要求或面臨鋪貨任務增長時，就可以從容不迫，有的放矢。

②設定定期的「新售點」開拓日。在工作中經常會遇到這樣的情況：一方面，業務代表常為拿訂單、送貨、收款、拜訪而疲於奔命，無法抽身開發新的售點；另一方面，主管即使讓業務代表努力開發新的售點，但業務代表常常不會馬上行動，而且常會有很多的「藉口」：「目前很忙，有空時才去開發」，「市場上沒有售點了」，「開發新的售點，不如拜訪老客戶」等。這就反映了一個「長期發展」和「短期維持」之間的認識問題。此時，業務代表必須明白，維持老客戶固然重要，但如果不去開拓新售點，營業額的增長率在

可預見的未來一定會下降。如果市場本身一直在發展，而產品的客戶面只是在維持，那麼市場佔有率就會逐漸萎縮。等到鋪貨量下跌的時候，再去扭轉這種局面可就沒那麼容易了。

所以，優秀的業務代表總會在自己的工作計畫中，有意識地設定某日為專門開拓新售點的工作日。例如，可鎖定某月份第三週的星期三為「開拓日」。在那天，可帶上平日搜集的資料，給自己設定當天要洽談開拓新店的目標店數。如果業務代表在執行開發新售點的任務時，覺得還需要公司給予有效的幫助，可提前與主管溝通，例如「本月底前簽約進貨者，可贊助燈箱廣告」等。

③瞭解商業管道。各零售店的進貨管道相當不統一，很多售點都存在著眾多的供應商。因此，優秀的業務代表應掌握更多商業管道的信息，並回饋給主管或商務鋪貨隊伍加以配合。

(2)陳列

產品進入售點後，就要設法儘快使產品從庫房中轉到櫃檯，使其擺在醒目的位置，如：佔據主要的陳列位置，更多的陳列面等。同時，輔以 POP 促銷，目的就是吸引消費者的注意，使消費者容易、方便地購買。產品陳列的關鍵主要遵循以下 5 大原則：

①總是將產品放置在容易被看到或者拿到的位置；

②儘量擴大或增加產品的陳列位置；

③儘量增加產品陳列面；

④將產品系列集中放置；

⑤配合各類 POP 促銷宣傳品，營造生動的展示效果。

(3)店員培訓

根據一些市場調研公司的統計，在許多消費者做購買決策的時候，店員推薦產生的影響力並不低於電視廣告的力量。但是，如何

開展店員培訓？如何增加店員對產品的推薦率？面對眾多的售點和店員，許多業務代表往往覺得難於入手。業務代表應在以下幾點狠下工夫：

①確保相關櫃檯的每一個店員熟知產品的適用範圍和競爭優勢，是每一個業務代表的最基礎的工作要求。因為在實際工作中，店員絕對不會主動推薦其不瞭解的產品。

②用直白易懂的語言向店員介紹產品知識。鋪貨對象的不同，決定了溝通內容的差異。差異之處不僅在於產品介紹的內容，還包括所有相關信息的介紹角度和側重點。這就要依靠業務代表把那些與產品相關的專業信息，轉化為直白易懂的消費者語言，方便店員與購買者的溝通。

③組織生動實用的中小型店員培訓會。為激起店員參與培訓會的積極性，可採取一些活躍氣氛的方法，如有獎問答、競猜等，並預先告知參會店員；然後，挑出產品最強的賣點、最能打動顧客的說法來提問，答對者當場發獎。

④運用會議結果，做好跟進工作。任何投資都期望回報。會議後的回訪可以讓業務代表熟悉店員，讓店員重溫產品以加深印象；解決上次未盡之事宜，提醒店員推薦以及展開更深層次的推廣活動。

瞭解「跑店」的三大任務，並在實踐中根據不同情況、不同階段，確定不同的工作重點，就知道到了一家售點以後該找誰，該辦什麼事，誰是關鍵人物。這對於每一個業務代表和主管而言，均是「千里之行，始於足下」的第一步。

2. 業務代表的工作內容

業務代表的工作內容包括以下幾個方面：

· 定期拜訪；　　　　　　　　　· 記錄庫存；

- 落地陳列；
- 張貼海報；
- 清潔產品；
- 貨款回收；
- 產品回轉；
- 商情收集；
- 退貨調換；
- 信息傳達；
- 拿取訂單；
- 建立客情。

3 業務代表的業務操作流程

1. 確定目標，檢查計畫

每天工作的第一步就是檢查當天的行動計畫（日程和目標），包括：

(1)制出業務代表的區域地圖，明確區域範圍和拜訪路線，明確每日拜訪終端客戶數和目標鋪貨數量（如普通終端 50 家，特殊通路或旺鋪 10 家）；同時，還要正確使用 80/20 法則，明確重點終端（旺點、繁華商業區、校園小店、風景點等）的拜訪計畫；

(2)完成必要的書面準備工作（如訂貨單）；

(3)檢查終端訂貨及送達情況；

(4)利用《每日訪問報告》確定每日訪問的目標；

(5)確定並準備所需的促銷材料（如計算器、廣告紙、裁紙刀、覆蓋計畫、終端資料、訂單、每日訪問報告等）；

(6)出發拜訪終端（在進入商店前，別忘了翻閱訪問本，對一些關鍵的信息如買主的姓名、終端的需求、限制以及機會等加深一下記憶）。

2.鋪貨介紹

為了確保客戶能夠耐心聽鋪貨介紹，業務代表要創造出一種氣氛，使客戶從心理上處於一種接受狀態。業務代表要注意誠摯地讚揚商店裏任何值得注意的改善和提高；要保持客戶注意力不被分散，注意選擇談話的地點和環境；簡要介紹自己產品與競爭品相比較的優勢和賣點，或重點介紹想推薦的產品。

3.商店檢查

要確保完成以下事項：

(1)檢查鋪貨管道順暢程度，終端訂貨落實及產品送達情況，是否達到公司要求的鋪貨率。要注意貨架上自己品牌及規格的鋪貨情況，注意那些品牌和規格商店沒有存貨；

(2)檢查貨架擺設陳列情況，按照公司的零售標準，評估本公司產品在貨架上的位置、空間和排列情況；

(3)檢查定價，將商店售價與本公司零售價相對照，維護正常的價格秩序，管理好鋪貨責任區域內的產品價格，嚴禁竄貨；

(4)檢查售點促銷情況，觀察商店的售點促銷活動和陳列，是否達到公司要求的陳列標準，找出可用來建立與自己產品有聯繫的售點促銷機會，留意更多的陳列位置和 POP 張貼的位置；

(5)檢查競爭情況，記下競爭對手產品在貨架上所佔的空間，要警惕競爭性陳列或任何特殊的競爭活動；

(6)檢查終端庫存和脫銷情況，檢查庫存時，要注意是否庫內有貨但貨架上已經脫銷，如果有就必須儘快安排上架。

4.完成訂單

在商店檢查的基礎上，對終端的鋪貨、庫存等有了較完整的瞭解，結合拜訪商店的初始目標進行調整，定出新的計畫報給店主，

並要求簽字認可。

5. 記錄和報告

業務代表要注重客戶拜訪的記錄和報告，因為這些對於業務代表改進自己的工作，提高鋪貨速度都很有幫助。

(1)在離開商店前，應當記錄下這次訪問的細節，包括訪問過程中發現的問題，客戶提出的問題，以及自己發現的問題；

(2)在訪問本上寫明下次拜訪的目的、終端的新資料等；

(3)在《每日訪問報告》上對照目標記錄下所獲得的結果；

(4)每日向客戶經理、經銷商彙報當日的工作，並及時協助經銷商、二級批發商落實訂單送貨工作。

6. 客戶檔案管理

業務代表要瞭解掌握區域內二級批發商、三級批發商和所有零售終端的詳細情況；及時將拜訪記錄整理成終端客戶資料存檔管理，利用客戶檔案進行客戶關係管理和分類管理。

7. 其他工作

除了與客戶拜訪相關的工作外，業務代表還要完成其他非拜訪性工作。

(1)對照當日訪問的目標衡量獲得的結果，總結成功經驗和失敗教訓；

(2)加強工作的主動性，除跑單之外主動完成零星的送貨任務，積極完成各項鋪貨和終端促銷活動；

(3)及時處理好售後服務，維護市場正常秩序，堅決執行公司價格政策，嚴禁沖貨；

(4)及時瞭解掌握市場情況和競爭對手的政策、動態，及時向上級主管回饋市場信息，並提出良好的操作建議。

　　總之，只有通過系統規範的管理、認真有序的培訓、嚴格有效的實戰鍛鍊，才能打造出一支訓練有素、富有戰鬥力的業務代表隊伍。擁有了這樣一支強勢的業務代表隊伍，便擁有了終端。

4 對鋪貨業務員的控制

　　鋪貨人員的工作是否到位，是鋪貨成功的關鍵。鋪貨人員是企業監督的重點，鋪貨每天的進度如何，是否按計劃實施的，實施效果怎樣，企業都應密切關注。當然報表的填寫只是監督的一個方面。企業時不時地對鋪貨區域進行調查，也是監督鋪貨人員一個很好的方法。

一、對鋪貨人員的工作監督

　　對鋪貨業務人員的監督主要包括以下幾個方面：

1. 督促報表準時交回

　　如果目前使用的已經是一份簡單的報表格式，能提供經理所有需要的基本資訊，又用不到業務人員幾秒鐘的時間就可以填完——但部份業務人員仍然經常晚交——經理下一步該怎麼辦？有些業務人員會在你不斷催促、提醒、要求，甚至威脅後才交。經理要採取什麼行動？經理需要在訪問報表還像是剛從熱騰騰的爐子裏拿出來那麼新鮮時就用到它。因為那時的資料最寶貴，仍可以採取某些行動。此外，高層主管也不會原諒發生因為業務人員遲交報表、讓經

理無法完成資料摘要的事。他們受不了延誤。

除了開除人之外，其實經理還是有辦法讓總是遲交報表的屬下準時交報表（他們很可能業績表現非常好）。最簡單的方法就是告訴屬下，以後訪問報表若是未和每星期的支出憑證一塊兒交，就不能報銷。

2.訪問活動的監督

訪問活動的檢查也不能疏忽。所謂訪問活動的檢查，是指觀察業務人員在銷售活動時間內，如何分配時間。以「一天的拜訪件數」最具代表性。

活動檢查，是從負責客戶數和銷售計畫的關聯性，檢查現行的銷售力能否達到目標。

與活動檢查相反的是銷售品質的提升。提升業務人員的品質，是當前的趨勢。活動量雖多，但若忘了品質，也會有問題。

銷售主管必須深知：「活動時要兼顧品質，活動品質不佳時，再多的活動也於事無補。唯有活動品質提高，才能提升業務人員的品質。」

⑴檢查方法

活動檢查可分成件數（次數）和時間兩種。件數（次數）檢查的項目如下：

①單月累計總訪問件數（次數）

② A級客戶單月累計總訪問件數（次數）

③ B級客戶單月累積總訪問件數（次數）

④ C級客戶單月累計總訪問件數（次數）

⑤代理商單月累計總訪問件數（次數）

⑥下游廠商、特約店單月累計總訪問件數（次數）

⑦用戶單月累計總訪問件數（次數）

⑧索賠處理單月累計總訪問件數（次數）

時間檢查的項目如下：

①洽談時間（比率）

②交通時間（比率）

③在公司內的時間（比率）

④休息時間（比率）

⑤會議時間（比率）

⑥索賠處理時間（比率）

訪問件數和洽談時間，同時要兼具量大質精的要求，這是檢查活動的基礎。因此培養業務人員每日檢視活動的習慣，相當重要。

檢查結果可以發現，優秀的業務人員必定訪問件數多或洽談時間多或二者皆高。他們的銷售活動，質、量兼具。

(2)檢查後的指導方法

在訪問件數方面，先看每天訪問件數和業績的關聯性。件數多但業績不振時，檢查拜訪內容（客戶級別、路線）、指導業務人員反思拜訪對象是否有誤。若件數很少時，則以活動檢查作為提升士氣的對策。在時間檢查方面，先和上月比較，看看洽談時間的增減。時間增加但業績不振時，就要檢查「訪問件數與訪問時平均洽談時間」的關係（單日洽談時間：單日訪問件數×每次訪問的平均時間）。

訪問件數增加時，與先前的情況作同樣的指導。相反，如果平均洽談時間增加，總洽談時間也跟著增加時，訪問件數就會減少，因此要找出耗費太多時間的訪問對象，並詢問理由。這些多出來的時間，大部份是為了處理索賠等突發狀況，務必要把問題突出。

洽談時間減少時，就要檢查其他方面的時間，看看為什麼在交

通、公司內部、會議上會耗費那麼多時間，這個代表業務人員的負荷已經超出主管的想像。

3.對重點客戶訪問活動的監督

活動面能看出品質的高低，重點客戶的訪問頻率可以提供驗證。所以應以每月為單位，檢查重點客戶的訪問頻率。在檢查之際，需先設定檢查基準。從例子來看年就是「基準次數」。先針對各個客戶設定訪問基準。當然，基準次數較多者，就是重點客戶。

在表格中還有物件名稱、預估金額、截至上個月為止的角度、本月的角度等項目，可以驗證訪問頻率。角度是指接單角度，隨著上述項目的變動，基準訪問次數也會改變。

例如，基準次數為 4 次的客戶，當接單增加時，訪問次數當然也要增加。之前也提過，先將接單程序手冊化，這是接單角度的前提。

二、對鋪貨人員的業績監督

很多人投入銷售這一行的原因，就是看上它的自由性。沒有一家公司負擔得起讓每個業務人員每次訪問客戶時都有一位主管陪伴監督。有些銷售工作要求業務人員每天早、晚兩次向公司報告，但之間大部份時間仍是他們自己的，根本沒有人管。有些人對這樣沒有直接監督的自由簡直是樂昏了，無法自製，只要一離開經理的視線，他們就無法約束自己去做必要的銷售訪問以取得銷售成績；有些人或許一度克制住了，但現在疲憊了，不願去面對銷售競賽中，每天無可避免地被拒絕的情況；有些人瞭解他們無法做得久，但竭力維護那一點底薪，或是多拖幾個月，甚至幾星期；有些人假造報

表，填些偽造的數據，編造銷售活動的謊言。

這些人顯然不適合目前的銷售生涯，也無法做很久，因為不工作終會顯露在銷售數字上。但卻苦了要面對銷售配額的銷售經理。那樣的銷售部就像是一個六角的角錐引擎，想試著只用五個角來拉一隻重物一樣困難。

1. 瞭解業務人員業績不好的表現並採取措施

鋪貨過程的優點就是，業績很容易衡量。業務人員的生死完全取決於數字。每月的銷售數字告訴銷售經理，每個人的表現是好是壞，因此很容易就可找出達不到銷售標準的業務人員。完成銷售配額的百分比就代表一切。

(1) 業績不好的早期徵兆

許多經理都希望能早一點發現表現不佳者的徵兆，在業績數字掉到谷底之前，在責任區域搖搖欲墜之前，在客戶流失之前，以及在整個地區的銷售機會被毀滅之前。真的很難，因為優秀、可靠的業務人員可能突然變成達不到標準的業務人員。有沒有一些早期的警示訊號，讓經理得以留意？幸運的是，訊號多得很，以下就是其中最明顯的：

①業務人員不斷抱怨他責任區域的配額根本無法完成。當這樣的話重複出現時，經理就應該留意了。這是所謂的「自我實現的預言」。如果某人不相信目標可以完成，目標就不會完成。順帶一提，如果業務人員抱怨的是業績配額很難完成，則不必太擔心。擔心能否完成目標沒有錯。事實上，抱怨一下銷售配額幾乎是業務人員的「義務」。

②業務人員不相信計畫會有用。無論經理說得多仔細，要證明該數字可以完成，業務人員就是不理會。

　③業務人員無法實現指派的任務。經理要求業務人員每天做 4
次業務拜訪，但他只做 3 次。經理要求星期一以前交出該責任區內
10 個潛在客戶的名單，但他只交了 8 個——而且還是星期二才交。

　④業務人員錯過許多工作。好像許多疾病突然在該業務人員的
責任區域內流行起來。一下子是感冒、頭痛和背痛，一下子因為耳
垂脫臼看醫生，甚至比足球賽的後衛更容易受傷；還有脊椎有毛病，
脖子脫臼，肋骨淤傷，甚至鼻毛感染。其實真正的原因是不再對工
作感興趣，任何藉口只是用來逃避工作。

　⑤業務人員有大量不在場的證明和藉口。任何錯事都是別人的
錯誤。為何達不到業績配額？因為競爭對手提供更好的設備和更低
的價格。為何上個月業績那麼差？因為市場狀況混亂。為何那個潛
在的大客戶無法結案？那個客戶因為沒有預算所以無法購買任何東
西。下個月呢？另一家公司比現有的客戶有更大潛力。

　⑥業務人員老把事情弄錯。經理被告知，競爭者以一個特殊價
格做成一筆生意；但經過快速查證，價格並非那麼不正常。

　經理被告知，潛在客戶希望購買一千件的貨品，且會在一星期
內做出決定；經過查訪才發現，該潛在客戶初步詢問過一百件的某
樣貨品，但目前為止還不曉得會向誰購買。不見得是業務人員說謊，
他可能只是心不在焉。就某方面來說，說謊還更好。但這個業務人
員根本不在乎，連查證一下事實都沒有做。

　⑦業務人員避開經理，避開辦公室，甚至避開其他業務人員同
事。他總是匆匆離去，若是經理想和他私下談談關於業績表現問題
時，他開會時晚來，會議結束一定第一個走，想找他一定找不到。
通常經理若想找他的蹤跡，要把電話打到客戶家裏或其他聚集所去
尋找。這些人都避免正面對質。

⑧業務人員沒有熱情，毫無熱誠，毫無活力，毫無主意，毫無進取心。他甚至想挫傷別人的熱誠。

⑨業務人員即使很明顯地表示出心裏並不接受計畫，仍迅速同意任何管理上的想法或計畫。這一定會激怒每一位經理。既不同意又說是，這樣的員工根本不重視他的直屬主管。

⑩業務人員公開討論其他的工作機會。此人要經理知道，整個實業界都喊著等他去服務。這些人中的一部份可能不但可以拯救，還可以將之改變為超級業務人員。

經理如何將表現不佳的業務人員改造成超級業務人員呢？從「阻止」開始。只要阻止抱怨不佳的表現，設法補救即可。

(2)經理對業務人員應有的責任和態度

對自己部屬的銷售表現，經理負有主要責任。這些責任是：

①設定標準，據此衡量屬下。（除非經理告訴他們期望他們做何種工作，否則他們怎知要做什麼？）

②就質、量方面衡量屬下達到的結果。

③將結果通知屬下，讓他們知道自己表現的好壞。

④確實告知屬下，他們可以怎麼改善自己的表現。如果經理和非常努力的屬下一起工作，發現他們已經盡最大努力，但結果仍不滿意，則經理不應該抱怨。或許標準設得過高；或許經理沒有清楚地向屬下解釋過對他的期望；或許解釋過，但屬下並沒有接受。這樣的話，經理和屬下之間並沒有對可達成的目標做出共同的協定，經理沒有做好內部的溝通。

2.找出表現差的業務人員

經理該怎麼早一點找出偷懶者，在問題變成災難前加以排除？銷售區域內有那樣的業務人員愈久，下一個業務人員要想將銷售導

入正軌就需要愈久的時間。仔細閱讀訪問報表及注意屬下的行為模式有助於找出問題人物。以下是該注意的事項：

(1)報表上每星期都列出相同的訪問、相同的客戶、相同的潛在客戶。這些訪問都是假造的，不工作的業務人員不想花時間或精力做任何事情，甚至不想費力改動訪問報表。然而，他們的報告通常總是會準時交，因為他們少有其他事情好做。

(2)報表的訪問次數中，很少有示範或調查的記錄。多數的偷懶者都知道，這些明確的記錄較容易查證。

(3)找出很少記錄人名或電話的報表。

(4)找尋平均支出「以下」的業務人員。偷懶者不希望冒險申報太高的支出。此外，多數人沒有野心偽造支出，以免受到檢查。

三、對鋪貨人員的費用支出控制

(1)汽車里程，或是汽車津貼加上汽油錢。（如果使用公車，則津貼包括汽油、機油及維修保養費。）

(2)機票。

(3)兩城市之間的地面交通，如小型巴士、巴士、計程車。

(4)出差誤餐費。

(5)停車費。

(6)客戶交際應酬支出。

(7)租車。

(8)電話費、上網費等。

(9)行李處理、小費等。

(10)雜費支出。

雜費費用依每家公司允許的項目不同。有些公司允許業務員訂購文具、印名片、當地送貨費及每星期寄支出報表的郵資；有些公司則堅持這些項目由公司統一負責。

5 業務代表的責任和關鍵指標

1. 完成產品分銷與滲透，根據消費者購買需要和偏好提高品牌和鋪貨率；

2. 開發新客戶(新客戶可以直接增加銷量)；

3. 加強對批發、零售價格的管理，對於維持市場的良性運作至關重要，同時可以保持各級管道的利潤和經銷商的積極性；

4. 促銷活動的執行和管理；

5. 陳列以及貨架管理，按照零售商的分類和不同標準做好生動化陳列；

6. 收取貨款，管理和控制客戶的信用額度；

7. 存貨週轉控制，確保所有的管道環節都有存貨進行週轉，並且在貨架上有足夠的陳列空間；

8. 管理好客戶資料，確保所有客戶的資料都是最新的；

9. 填好各類鋪貨報告，及時反映市場信息。

在這些列出的條目中，都是對實現鋪貨目標產生直接影響的因素或者責任，而這些關鍵的工作又必須通過鋪貨人員去完成，那麼對他們而言，這就是關鍵責任。它實際上規定的是鋪貨人員應該把工作的主要精力和資源用於關鍵責任的落實上。

　　為了幫助判斷鋪貨人員在關鍵責任方面做得怎麼樣，一些公司往往會制訂一系列量化的、非常具體的指標進行評價，並且與鋪貨人員的薪酬掛鉤。鋪貨人員可以根據這些指標衡量自己在完成關鍵責任方面執行的程度，同時進行自我調整和跟進。比如在可口可樂公司，規定業務代表的關鍵指標如下：

　　1. 達到每日、每週、每月和每年的鋪貨指標；

　　2. 每週開發一個新客戶；

　　3. 按照標準要求，把兩個新品牌及包裝業務給已有的客戶；

　　4. 每週把一個冷飲設備推進「熱點」售點，直至冷飲設備沒有存貨；

　　5. 每日一次重新調好一個冰櫃的品牌包裝陳列；

　　6. 每天重新投放一套戶內外 POP；

　　7. 每日進行 3 次存貨週轉檢查，確保每個季把所負責區域的鋪貨點全部檢查一遍；

　　8. 每星期一早會前把週報表上交給主任；

　　9. 按照管道標準，每個售點放置合適的戶內外 POP；

　　10. 保存一套完整的和具有最新資料的客戶卡；

　　11. 所有的應收賬款在公司的信用額度內；

　　12. 每個季檢討所負責組員內的冷飲設備投放的指標，並在下季第二個星期上交給主任。

6 對業務員實施有效激勵

一、業務員的激勵方式

　　由於工作性質、人的需要等原因，企業必須建立激勵制度來促使業務代表努力工作。一般情況下，企業對業務人員主要採用下列兩種物質激勵方式：

1. 鋪貨定額

　　訂立銷售定額是企業的普遍做法。它規定業務人員一年中應鋪多少數額的產品，然後把報酬與定額完成情況掛起鈎來。每個地區區域經理將地區的年度定額在各業務人員之間進行分配。

2. 傭金制度

　　企業為了使預期的銷售定額得以實現，還要採取相應的鼓勵措施，如送禮、獎金、銷售競賽、旅遊等。而其中最為常見的是傭金。傭金制度是指企業按銷售額或利潤額的大小給予業務代表固定的或根據情況可調整比率的報酬。傭金制度能鼓勵業務代表盡最大努力工作，並使銷售費用與現期收益密切相連；同時，企業還可根據不同產品、不同工作性質給予業務代表不同的傭金。但是傭金制度也有不少缺點，如管理費用過高、導致業務代表短期行為等。所以，它常常與薪金制度結合起來運用。

二、如何進行鋪貨指標的分配

當鋪貨計畫確定後,要將鋪貨指標有計劃地分配到各部門、各區域、每個鋪貨人員。在這個過程中需要把握好以下幾個方面的問題:

1.進行「平等」、「公平」的鋪貨指標分配

一般來講,鋪貨指標的分配,比責任區域的責任分配更加敏感。針對業務代表鋪貨指標的分配既要平等,又要公平。平等和公平嚴格說來並沒有太大的區別。平等分配是指所有的業務代表,都應該承擔一定的鋪貨任務。公平分配則是指根據區域、客戶特性的不同,而改變分配指標。平等要求業務代表不管所負責的區域、客戶如何,都承擔同樣的指標,如果他沒有達到應該達到的標準時,可由指標較高的業務代表補足差額,盡可能地讓所有業務代表平均分配鋪貨計畫。公平則要求把業務代表自身的業務能力、從前所負責區域的特性、客戶的特性都給予了考慮,有希望完成較高指標者,分配較高的鋪貨指標;不能完成較高指標者,可以分配較低的鋪貨指標。

2.慎重對待新進人員業務的責任分配

作為鋪貨主管,要向業務代表提供擴大客戶的經驗和方法,教給業務能力水準較差的人員提高鋪貨業績的技巧和方法。同時,還要不斷創新探索一些方法,加強內部管理。在這個過程中,就必須要靈活運用分配制度,把它當作刺激業務代表的一種手段。因此,在實施責任分配時,必須慎重,同時有所創新,讓業務代表有一種責任感努力去完成所分配的任務,這是解決問題的關鍵之所在。

3.區別對待新開拓市場與既有市場

隨著商品的專業化和客戶要求的提高，各個企業都不能只滿足於已有的傳統鋪貨方式。如果不加以創新，就有被淘汰出局的可能。任何一個鋪貨主管，都在思考如何開展新的鋪貨方向。因此，鋪貨部門可以把業務代表分成兩組，負責不同的方向。一組為鞏固既有的客戶和商品，負責現有的市場業務；另一組則負責即將展開的新市場，開拓新客戶，為今後的開發進行基礎性工作。換言之，把現有市場和新市場的責任分開，不但能夠保持目前的鋪貨額，還能夠開展新的業務。

針對新市場的責任分配，更是一個十分重要的課題。擔任新市場開發的業務代表，如果能按照公司的目標去工作，公司的業績應該會得到不斷的提升。然而，大部份的發展，卻讓鋪貨主管感到為難，也就是隨著時間的推移，鋪貨額不見明顯增加。業務代表事實上也在努力工作，仍不見實際效果。造成這種狀況的原因，不是業務代表不努力，而是由於負責新市場開發的業務代表把自己的工作放在了一邊，而實際幫助的是既有市場的業務代表在工作。

三、加強保障

在終端鋪貨中，業務人員和經銷商為完成公司的任務，易使用「非常規」手段，使公司利益受損。因此，企業面對業務人員的終端鋪貨應做好以下保障：

1.加強賬務管理，保障風險為零（或最小）。前期終端鋪貨，促銷力度較大，原則上不允許賒賬；個別終端要做好回訪工作，控制風險在合理的範圍內。

2.加強終端理貨，保障有回頭客，畢竟「缺貨猛於虎」。終端的生動化與否，直接影響終端銷量，嚴防缺貨，及時回訪及時補充，保障二次銷售順利進行。

3.加強廠商交流，保障信息暢通。很多時候廠家的鋪貨都結束了，很多的經銷商還不知道廠商的產品價位，更談不上促銷政策。有時會出現經銷商截流促銷政策現象，值得我們深思。

7 鋪貨過程的店面促銷員

一、鋪貨促銷人員的組建

促銷人員在終端促銷過程中起到非常關鍵的作用。一方面，促銷員通過對終端的理貨，使終端現場生動化，通過現場宣傳海報、立牌、燈箱等合理配放，營造出氣氛，讓本來沒有活性的商品展現一定的個性；另一方面，促銷員的工作熱情、產品知識、導購技巧等都能從不同方面刺激消費者的不同神經，促進消費者產生購買行為。特別是在競爭激烈的行業，促銷隊伍的組建更是非常重要。

1.鋪貨促銷人員的組建

促銷隊伍可分為專職和兼職兩種。不同產品的不同促銷方式有不同的側重，兩種促銷隊伍各有優劣勢。我們在組建促銷隊伍時，要充分考慮產品的特性和消費者的購買習性。

專職促銷有良好的培訓和豐富的實戰經驗，在臨場發揮時通常較好，更能抓住消費者的心理。但專職促銷隊伍的費用比較大，如

果產品不是熱銷產品，又是季節性較強的產品，專職促銷員太多是一種浪費。兼職促銷隊伍隨機性較強，可以現用現招聘，但臨時性促銷隊伍對企業、產品及消費心態的把握稍差；當然如果及時培訓，激發其熱情，會有新意出現，又可以降低運營成本。所以，兼職促銷隊伍是競爭激烈的行業必不可少的一部份。

綜合專職促銷隊伍和兼職促銷隊伍的優劣勢，在競爭激烈的環境中，產品想作出不俗的業績，企業必須對這兩種促銷隊伍進行合理搭配。一般來講專職促銷人員可少些，產品旺銷時是做促銷工作，相對淡季時進行內部學習，並且幫助各代理商、經銷商進行銷售人員的培訓；兼職促銷人員可從各大、中院校招聘，在銷售旺季到來之前進行招聘和系統培訓。培訓時注意，除了進行專業知識的培訓外，還要對他們進行企業文化方面的培訓，讓他們接受公司的文化，使他們的價值觀和企業價值觀一致，這樣才能從本質上提升他們的工作積極性和熱情，不是單純為了金錢來做的兼職，讓他們感覺到企業要求的行為規範對他們的將來會有很大幫助，激發他們發自內心地想做好這份工作。

另外要給培訓好的兼職人員建立人事檔案，和正式員工一樣對待他們，在每個城市都建立相對固定的兼職隊伍，淡季沒費用，旺季促銷時，兼職隊伍又相對熟練。這樣既節省了費用，又增加了競爭力，起到「四兩撥千斤」之功效。

2. 鋪貨促銷人員的管理

終端促銷人員肩負著「臨門一腳」的重任，他們是企業與產品的形象代言人，又是與消費者直接面對的「服務人員」。一個有促銷員的櫃檯與一個沒有促銷員的櫃檯差別是顯著的，銷量之差能有40%～60%之多。對於促銷員（無論是臨時促銷還是常駐促銷）的管

理，多數企業只是單純的要求銷量，但事實上對促銷員的績效應該從多方面來進行考核：

(1)工作紀律。即是否遵守考勤制度、門店紀律、服務忠誠等。

(2)工作表現。除去任務銷量外，還應看促銷人員售前是否能為顧客提供詳細介紹，售中是否耐心接受顧客挑選，微笑服務，售後是否能兌現服務承諾，以及是否積極收集市場動向，競爭品動態等。

(3)售點管理。主要指促銷人員是否按規定進行產品陳列、宣傳品張貼及擺放，是否按規定填寫有關報表。

(4)業務素質。主要指促銷人員對產品知識、銷售技巧、消費者行為的把握。

二、鋪貨促銷人員的管理與評估

一個好的促銷活動必須具備「三個要」：一是要有好的由頭，二是要參與面廣，三是要讓消費者感覺贈品物超所值。在促銷活動的管理上做到：活動前計畫（要有詳細的活動方案）；活動中變化（要根據活動時的情況，靈活、及時地調整活動方案，保證活動效果最優）；活動後消化（活動後要總結成功經驗及遇到的問題）。

1. 促銷的管理

促銷的管理主要有人員管理和物料管理。我們首先必須分析在終端促銷過程中所有相關的環節和工作。促銷就是要刺激消費者的不同感覺器官，從視覺、聽覺和觸覺三方面進行立體組合，全面激發消費者的消費慾望：

(1)視覺方面的準備工作，主要是各種宣傳物料和贈品等；

(2)觸覺方面主要是產品的擺放和如何讓消費者感覺；

(3)聽覺就是講解和聲音演示。

　　針對以上環節，明確每個相關人員的具體工作內容，誰派發傳單，誰組織活動，誰進行講解，誰進行贈品的發放等明確到每個人。物料管理要有明確的規定，讓每個人都明確宣傳物料的作用是什麼，如何利用宣傳物料，並制定合理的配備和管理的原則。贈品方面，要有專人負責，明確發放原則和管理，該發的一個也不能少，不該發的一件也不多發，做到既要充分宣傳，又要節省物料，達到最佳效果。

2.促銷的評估、總結

促銷工作結束後的評估、總結主要有以下幾方面：

(1)促銷前的目標完成情況如何？

(2)相關人員的工作作達到要求沒有？

(3)人員之間的配合是否默契？

(4)物料的配置是否到位，是否起到了理想的效果？

(5)物料是否按促銷前的要求來發放？

這次促銷活動那些地方做得很好，以後繼續發揚，那些地方做得不足，在以後的工作中如何避免，將促銷過程中的得與失全面總結，以便使每次促銷活動都比前一次更上一層樓。

三、助店銷售

　　助銷即用於把消費者的注意力引向品牌的任何附加材料。助銷包括廣告旗、貨架說明、貼牆海報、貨櫃立牌、自製的標牌、特製的價格標籤、價格變動告示等。有效的助銷管理可以幫助企業快速鋪貨。

1.店內助銷的影響力

助銷可從多方面幫助客戶增加銷售額：

⑴一切充滿刺激和創造性的助銷都能創造購買的氣氛，吸引消費者，給消費者的購買活動增加刺激。

⑵助銷可以使一家商店變得不同於競爭者，從而達到銷售的目的。

⑶增加銷售和利潤：調查結果表明，陳列和助銷可擴大銷售額和增加利潤。陳列和助銷使商店出現了類似廉價銷售的氣氛，從而激勵了消費者的衝動性購買。

⑷改善商店的形象：助銷品和電視廣告、平面廣告是緊密聯繫的。商店裏用助銷和陳列來推銷優質可靠的品牌（區別於出售低劣產品和假貨的商店）。

⑸優秀商品助銷可鼓勵消費者承認商店提供「價值」，並形成定期購買習慣。

2.零售商從助銷中獲得的好處

⑴產品定期得到電視和戶外廣告的支援。零售商的好處：當消費者在陳列中看到品牌時，很容易認出它們，並且進行購買。這樣就可能獲得快速的週轉。

⑵各個品牌都比較快地被消費者購買。零售商的好處：快速的購買意味著快速的週轉，而快速的週轉就會產生更多的銷售額和利潤。

⑶各個品牌都能產生比較高的銷售額和利潤。零售商的好處：通過陳列各個品牌，客戶將能增加每平方米的利潤和銷售額。

3.助銷品的發佈原則

⑴在與眾多競爭品的助銷品發佈中，通過發佈位置、角度、數

量等方式突出產品。

(2)助銷品的發佈以商品陳列為中心,烘托宣傳主題。

(3)助銷品的發佈設置應儘量靠近產品,遮擋競爭品 POP、競爭品,並保證產品完好無損,及時更換。

(4)依據商場(售點)等級,在同級商場的助銷品發佈時,注意助銷品發佈的形式,助銷品在視覺上要有統一性、連貫性。

(5)助銷品需常換新,與促銷活動同步。

(6)助銷品的張貼品質與張貼數量不成正比關係。

(7)助銷品發佈在於視線平行、最顯眼的位置。如果好的位置已被其他同行佔用,可先找稍次的位置放下,以後尋找機會調整。

(8)避開店面廣告過於集中的地方進行助銷品發佈。

(9)助銷品放好之後要定期維護。注意其變動情況並保持整潔,以維護企業形象。

促銷工作計畫表

產品名稱					
月 日預計銷售					
本月營業額					
月 日實際					
配銷方式					
目前銷售方式					
銷售客戶					
促銷方式					
方法說明					
督導人員					

促銷活動計畫表

年　月　日

促銷編號	
針對產品	
促銷方式	
促銷期間	起：　　　　　　　　　　　止：
負 責 人	
配合事項	
預計經營	
預期效果	
備　　註	

宣傳品發放規定

A 類市場

儘量通過公關手段發佈宣傳品，鼓勵在商品陳列上方或高客流量區製作燈箱。要借鑑競爭品或其他產品有的發佈形式。

立牌、功能說明等置於底櫃的 POP，必須保證不間斷發佈，顯眼、不被遮擋，立牌以 1～2 月為週期，各品牌交替更換發佈，確保時空上一致。

大型立牌按公司推廣期要求發佈。

B 類市場（含超市）

必須有招貼畫或吊旗、插卡發佈於陳列處和商場(超市)入口等主要通道口；以 3～5 張同一品牌招貼畫為一組，形成規模，多處發佈。

　　有底櫃的 B 類市場，需按 A 類商場要求發佈立牌和帶插座功能說明書。第三，超市對立牌不要求，但要根據環境、貨架狀況，製作中大型看板發佈商品信息，如開架的端頭上方、超市的走廊等，功能說明書必須不間斷發佈。

C 類市場

　　必須不間斷地發佈所有品牌的招貼畫，每個品牌三張為一體，張貼於顯著位置。

　　底櫃條貼，各品牌以 1～2 月為週期替換發佈。

　　煙雜店必須有吊牌，立牌不要求。

　　髮廊儘量發佈招貼畫、軸畫式的燈箱片，必須陳列 POP 立牌、功能說明。

心得欄

8 賣場促銷導購員如何協助鋪貨

商品鋪貨工作要注意業務員的執行工作，也要留心賣場促銷導購員如何協助鋪貨。

對於商店終端工作人員，包括終端促銷和終端業務，是廠商最重要的終端資源，對其利用的好壞，直接關係到本企業產品終端導購的速度和有效程度。

終端工作人員的工作是否規範，直接影響到銷量和公司的形象。在終端工作人員當中，導購人員和終端業務人員（業務代表）是比較典型的代表。現在許多企業高呼「決勝終端」，其實真正重視的是如何搞定採購員，把貨鋪到貨架上，而從心底裏忽視終端導購人員。但是，忽視一線人員最終可能導致花費大把通道費而終端鋪貨依舊疲軟的病態景象。

導購鋪貨模式在現今的終端銷售時代頗為流行，並為眾多廠家接受。在這種行銷模式中，導購人員的工作是核心。這些導購人員大多為女性，她們的任務是在顧客選購產品時，含蓄地引導他們到自己的產品前，加大力度去介紹、推薦、解答諮詢等，以達到最佳銷售的目的。

導購人員的工作可以幫助企業快速鋪貨，其工作內容主要包括以下幾個方面：

一、營業前的準備工作

「一日之計在於晨」，營業前的各項準備工作是做好一天接待服務工作的基礎。如果準備工作做得充分，就能保證營業期間忙而不亂，精力集中，提高工作效率；同時也能減少顧客等待時間，避免發生差錯和事故。所以導購人員在上班前，除了要聽從店長安排的當日工作計畫與重點外，還要做好以下準備工作：

1. 參加導購人員工作例會

導購人員例會包括早例會、晚例會以及週、月例會。其基本內容如下：

(1) 早例會

①向店長彙報前一天的銷售業績以及重要信息回饋；

②聽從店長分派當日所轄展區、工作計畫和工作重點；

③清點、申領當日宣傳助銷用品。

(2) 晚例會

①向店長提交當日各項工作報表與臨時促銷活動報告，回饋消費需求信息與競爭品信息，並對非易耗助銷品的損耗作出解釋；

②導購表現的相互評估及分析，提出改進建議；

③接受店長或公司其他上級主管的業務知識技能培訓。

(3) 週、月例會

①向店長提交各項工作報表與臨時促銷活動報告，回饋消費需求信息與競爭品信息，並對非易耗助銷品的損耗作出解釋；

②清點、申領下週(月)宣傳助銷用品；

③導購表現的相互評估及分析，提出改進建議；

139

④接受店長或公司其他上級主管的業務知識技能培訓；

⑤聯誼活動。

每日例會當日在商店值班的導購人員須參加；而每週、每月例會則要求所有地區的導購人員必須參加。

2. 檢查、準備好商品

(1) 複點過夜商品

參加完工作例會後，導購人員上班的第一件事，就是要根據商品平時的擺放規律對照商品賬目，將過夜商品進行過目清點和檢查。不論實行正常出勤還是兩班倒制，導購人員對隔夜的商品都要進行複點，以明確責任；對實施「貨款合一」由導購人員經手貨款的，要複點隔夜賬及備用金，做到心中有數。在複點商品和貨款時，如發現疑問或問題，應及時向店長彙報，請示處理。

(2) 補充商品

在複點商品的過程中，根據銷售規律和市場變化，對款式品種少的或是貨架出樣數量不足的商品，要盡快補充，做到庫有櫃有。續補的數量要在考慮貨架商品容量的基礎上，儘量保證當天的銷量。對於百貨商場和超市導購人員來說，還要盡可能地將同一品種、不同價格、不同產地的商品同時上櫃，以利於顧客選購。

(3) 檢查商品標籤

在複點的同時，導購人員要對商品價格逐個進行檢查。對於附帶價格標籤的商品，應檢查價格標籤有無脫落、模糊不清、移放錯位的情況。

對有脫落現象的要重新製作，模糊不清的要及時更換，有錯位現象的要及時糾正。要重點檢查剛剛陳列於貨架上的商品，確保標籤與商品的貨號、品名、產地、規格、單價完全相符。對無附帶價

格標籤的商品，要及時製作。商品價格標籤應採用許可的正規標籤，標籤上應標明商品名稱、價格、質地、規格、功能、顏色和產地等。

對於需要做樣品的商品，都要做到有貨有價、貨簽到位、標籤齊全、貨價相符。

⑷銷售輔助工具與助銷用品的檢查與準備

營業時銷售工具和助銷用品的準備，是營業前準備工作的一項重要內容，沒有完備的工具和用品，提高服務品質是不可能的。由於商店經營商品種類的不同，所需要的工具和助銷用品也不能一概而論，現只將共性的部份列出。銷售工具有電視、錄影機、錄影帶、信號源和接線設備、產品手冊、樣品、試衣鏡、電腦、計算器、備用金、發票、複寫紙、銷貨卡、筆、包裝紙、剪子、裁紙刀、繩子以及某些行業必備的輔助 T 具。助銷用品有燈箱、POP、宣傳品、促銷品，等等。

導購人員要事先預備好必需物、必需量，放置在必要的場所；將必需物品名稱和庫存量製成一覽表；將工具與助銷品放在固定的位置，並養成使用後歸原位的習慣；隨時留意工具與助銷品是否完好，如有汙損破裂現象，要及時向店長換領。

⑸做好賣場與商品的清潔整理工作

在營業之前，導購人員首先要把營業場地清理乾淨，做到通道、貨架、櫥窗無雜物、無灰塵；其次在商品陳列時要做到「清潔整齊、陳列有序、美觀大方、便於選購」，將新產品或當日熱銷商品放在明顯的位置，發現殘損的商品要及時剔除，按規定處理；再次要將顧客使用的試衣鏡、試帽鏡、試鞋椅、意見簿等擦拭乾淨，並放在合適的位置；最後要將助銷用品擺放整齊，如有破損和汙損，需及時更換或領取。此外，還要檢查營業照明燈有無故障，如遇當日停電，

要準備好其他照明光源。

(6)充實商品知識

完成了上述工作之後，如果還未到營業時間，導購人員則可以利用這段空餘時間，補充、學習商品知識。

二、營業中的輔助工作

在營業的這段時間裏，也有許多輔助工作要做。例如：缺貨時要貨、調貨；到貨時收貨、拆包、驗收。加貨時記賬；將商品整理並及時陳列到貨架上；變價時製作商品價簽；賣貨銷賬；交接班時貨賬清點以及準備盤點，等等。尤其是實行「貨款合一」的商店，還有清點貨款、辦理解款等更為複雜的事宜。這些輔助工作都是由導購人員來承擔的，倘若能及時地做好這些輔助工作，便可以加快銷售速度，提高服務品質，防止差錯事故，加強商店的經營管理。

1.掌握促銷時間規律，積極主動地工作

在一天的營業時間裏，各商店、各展區、各櫃檯都有著各自的營業忙閑規律，也就是說都有著間隔的空隙時間。導購人員應能視其營業忙閑，不放過短促的間隔時間，高效率地做好上述營業中的各種輔助工作。如果導購人員缺乏這個觀念，即使有很長的空隙時間，也寧可談天說地，不去盡其職責，這將嚴重影響服務品質。

2.認真負責，及時準確

營業中的輔助工作，難免有些亂中作戰的感覺，但導購人員必須做到及時而準確。如：要貨、調貨要及時；對營業前到店直接上貨架而不入店內庫房的商品，要及時驗收，保證單貨相符、數量準確、品質完好，絕不能馬虎從事；驗收後的商品要快速擺上貨架，

細心入賬。在銷售過程中如發現商品品質問題,應暫停出售;若有數量或串號的問題,應及時向店長彙報。導購人員的輔助工作及時,就可保證不會造成人為的脫銷;準確,就可以避免差錯,便於商店的經營管理。

3.堅持「先對外,後對內」的工作方法

為顧客服務是導購人員的最高宗旨,接待好每一位顧客是導購人員應盡的職責,在任何情況下,導購人員都要把接待顧客放在各項工作的首位。

當顧客來到商店時,不管導購人員在做什麼,甚至有公司主管在商店,都應暫停下來,先去接待顧客,不使顧客久等。

要記住:絕不能怠慢顧客。

三、接待顧客和店內引導

接待顧客和店內的引導是導購人員的主要工作。接待顧客時,導購人員應該遵守基本的禮儀規範,使用基本規範用語,熱情、認真地對待顧客。

而導購人員在做店內引導時,應當注意以下幾點:

1.經過仔細的確認後再回答顧客的問題,而且要簡潔、易懂。不能用商店的特別用語或商品的專業代碼來介紹商品或回答顧客的詢問,應選擇簡潔、易懂的大眾語言來解釋問題。要避免使用含糊的回答。

2.掌心向上,手指要伸直。

3.在條件許可的情況下,盡可能陪同顧客前往目的地;引導時,要具體地向顧客指明方向和方位。

四、營業即將結束前後的工作處理與準備

1.清點兩品與助銷用品

根據商品數量的記錄賬卡，清點當日商品銷售數量與餘數是否符合；同時檢查商品狀況是否良好，助銷用品（如宣傳卡、POP）是否齊，若破損或缺少需及時向店長彙報、領取。

2.結賬

「貨款分責」的商店，導購人員要結算票據，並跟收銀員核對票額；而「貨款合一」的商店，導購人員要按當日票據或銷售卡進行結算，清點貨款及備用金，如有溢、缺應做好記錄，及時做好有關賬務，填好繳款單，簽章後交店長或商店經管人員。

3.及時補充商品

在清點商品的同時，對缺檔和數量不足的，以及在次日需銷售的特價商品和新商品需及時補充。零售店的導購人員應先查看商店庫存，及時加貨；若庫存無貨，應及時向店長彙報，以督促公司銷售人員次日進貨。店中店的導購人員應協助商家做好貨源供應工作（向其詢問或查看庫存），及時向櫃組長、店長彙報並向公司訂貨，做到不斷貨。

4.整理商品與展區

清點、檢查商品及助銷用品時，要邊清點邊做清潔整理的工作。對所轄展區、商品、助銷用品及銷售輔助工具進行衛生整理、陳列整齊，各件物品要放在固定的地方，高級物品及貴重物品應蓋上防塵布，加強商品養護。

5. 報表的完成與遞交

書面整理、登記當日銷售狀況（銷售數、庫存數、退換貨數、暢銷與滯銷品數），及時填寫各項工作報表，在每週例會上遞交，重要信息應及時向店長回饋；每次促銷活動結束後需填寫促銷活動報告，在每日、週、月工作例會上遞交。

6. 留言

實行兩班制或一班制隔日輪休的導購人員，遇到調價、削價、新品上櫃以及當天未處理完的事宜，均要留言告知次日當班的同事，提醒注意和協助處理。

7. 確保商店與商品的安全

銷售高級商品及貴重商品的商店應檢查展櫃等是否上鎖；同時票據‧憑證、印章以及商店自行保管的備用金、賬後款等重要之物，都要入櫃上鎖。要做好營業現場的安全檢查，不得麻痺大意，特別要注意切斷應該切斷的電源，熄滅火種，關好門窗，以避免發生火災和偷盜的行為。在離店之前，還要認真地再檢查一遍。

心得欄
_____
_____
_____
_____
_____
_____

第 五 章
商品鋪貨的造勢與激勵

　　鋪貨就難在鋪貨過程中所遇到的管道阻力，要實現迅速而成功的鋪貨，首要的問題是如何把鋪貨阻力減到最小，在實務中用得較多的就是鋪貨獎勵政策，為新產品順利進入市場，創造有利條件。

1 激勵鋪貨經銷商的重要性

　　鋪貨的難處在於：並不是企業想鋪就能把貨順利鋪下去。鋪貨難就難在鋪貨過程中所遇到的來自於管道環節的種種阻力。也就是說，要實現迅速而成功的鋪貨，首要的問題是如何把鋪貨阻力減到最小。

　　要減少鋪貨阻力，在實踐中用得較多的就是鋪貨獎勵政策。在產品人市階段，企業協同經銷商主動出擊，並根據情況給予通路成員一定的鋪貨獎勵，從而拉動二批商和零售商進貨。如果按獎勵方式進行分類，鋪貨獎勵有很多種，比如定額獎勵、進貨獎勵、開戶

獎勵、鋪貨風險金、促銷品支援、免費產品和現金補貼等。

　　對經銷商的激勵與約束不足是企業在鋪貨過程中常出現的問題。一般而言，企業在選擇好經銷商之後，應該經常對經銷商進行指導和激勵，使中間商能夠真誠合作，盡職盡責。為了做好激勵和約束工作，製造商要瞭解經銷商的基本情況以及他們的需求和利益。一方面，採取推動經銷商的策略，如提高經銷商可得的毛利率，價格上給予較大的優惠，根據銷量返利或予以其他獎勵刺激，採取各種方法刺激經銷商，為經銷商培訓銷售和維修人員，舉辦經銷商銷售競賽，與經銷商共同進行廣告宣傳活動等。另一方面要建立管道成員之間的約束機制，並將約束機制看成是維護交易雙方密切關係以及管道成員之間密切關係的重要前提。

　　從實際情況來看，許多企業在選擇好經銷商以後，雙邊關係由於沒有通過適時適當的激勵與約束進行修補、維護和調整，從而導致企業和經銷商之間的矛盾衝突，甚至發生損失。如合作中會發生一些利益衝突，企業只想快速把貨鋪到終端、借雞下蛋，偏執地強調自己利益，如愛多集團與眾多經銷商的矛盾。而經銷商方面則更偏愛高毛利地推行短期的盈利率等。有的時候不明確的任務和權利也導致了矛盾衝突。由此可見對經銷商的激勵與約束在鋪貨管理中佔有十分重要的地位，它是保證企業獲得理想鋪貨業績的重要環節。

　　企業必須正確處理好廠家和銷售商（包含廠家的業務員）的利益關係，以有效地激勵經銷商。企業必須建立以利益管理為中心的銷售管理系統，加強對銷售管道的管理，正確處理各管道參與者的利益關係。要恰當地激勵經銷商，加強與中間商的合作，建立公司式的分銷系統，使生產商與銷售商形成密切配合的利益共同體。

　　考慮經銷商的中、短期利益，這既切合經銷商求利的心理，又

是給他信心的強有力因素。

　　考慮對經銷商的成長過程與合作成果作必要的獎勵。不但從物質上進行獎勵，還要從精神予以激勵。如旅遊或者給予榮譽稱號等，一方面，提高經銷商的銷售積極性，一方面使經銷商對公司、品牌、產品保持更大信心。

　　對經銷管道成員的激勵是企業管道管理中非常重要的一個環節，很多企業銷售網路的癱瘓很大程度是由於企業管道政策的不健全或者缺乏有效的激勵機制。如福建某啤酒企業曾答應某市經銷商，如果其全年的銷量突破 5000 件的話，總部就送一輛價值 28 萬的別克轎車；該經銷商經過努力，超額完成了激勵指標，但由於企業換了經營者，新經營者又不承認，致使該經銷商的獎勵成了一張不能兌現的空頭支票，於是該經銷商就懷恨在心，預謀行使了一次涉及 4 個城市的竄貨案，造成大半個省的銷售網路完全癱瘓，企業遭受重大損失。

　　激勵一定要與整體的銷售政策相配套，並且要充分估計經銷商的銷售潛力。在設計激勵考核體系時，要有適當的寬度，太容易達標的，企業會得不償失，過分難以抵達的，又缺乏實際意義。獎勵目標太大，企業划不來，太低廉，吸引不了經銷商。所以，如何制訂激勵指標和獎勵目標，是十分重要的。

　　通常的做法是先設定一個最低也就是保底銷售指標，然後再設立一個銷售激勵目標，這兩者之間的距離可以是 20%到 50%。如假設最低銷售指標是 100 萬，那麼銷售目標可以是 120 萬到 150 萬之間。獎勵政策就可以按實際完成數來進行，假如正好完成 100 萬，那就按完成指標的獎勵兌現，如果超額完成了 20 萬，那麼除了該得的指標完成獎以外，還要對超額的 20 萬給予獎勵；通常超額的獎勵

基數要高於指標基數。如果指標獎勵是 3 個點的話，超額獎勵起碼在 5 個點。當然，這可根據企業的實際情況來合理制訂。

基礎指標，可以將該經銷商的歷史記錄以及實際的市場銷售情況相結合，進行充分評估以後來確定，最好是經過雙方的共同認定。

感情激勵。對經銷商加強感情投資，與其建立夥伴合作關係。某口服液廠商為增強它與經銷商之間的感情，授予銷售額高、鋪貨回款率較高、信譽度高的「三高」經銷商「最佳合作夥伴」稱號，將其做成牌匾掛在這些經銷商的店裏，使他們有一種榮譽感，有效地激起了他們經營與回款的積極性。

制訂完善的教育培訓計畫。未來企業是學習型企業，企業自身在不斷學習、進步的同時，也要提供給經銷商一個提高的機會，讓經銷商在不斷學習的過程中接受企業文化的薰陶，為發展長期戰略夥伴關係打下基礎。

加強對經銷商的培訓工作，可每月或半月甚至一週培訓一次，時間長短可根據雙方實際情況而定。通過培訓提高經銷商的行銷素質及行銷能力，達到更好地為自己服務的目的。

此外，生產廠家應利用自己掌握的知識資源，幫助經銷商賺錢，指導他們一些賺錢的方法，讓他們鞏固並拓寬自己的市場，以此來增強企業與他們之間的合作夥伴關係，提高他們對企業的忠誠度，為企業高效回款提供便利條件。

某冷氣機廠商為提高經銷商的素質，曾選取了一百多位有經驗、有能力、有信用的經銷商到新加坡就讀 MBA。這種做法有效地激起了經銷商的積極性，提高了這些經銷商對「美的」產品的忠誠度，減少了回款的風險。

健全支援計畫。不但在廣告、公關、促銷等市場推廣層面上要

全盤計畫，還要在人力資源、市場督導等方面予以更多支持，以鞏固良好的客情關係。

從戰略夥伴關係的高度考慮，雙方在共同發展過程中不斷磨合、融洽，從中尋找可建立長期關係的經銷商。充分發揮經銷商的社會資源優勢，建設品牌，促進企業的發展。經過以上 5 個考慮制訂出來的經銷商政策，在實踐中不斷修正、完善，逐步形成健全科學的經銷商政策，促進經銷商與企業長久、穩定、雙贏合作。

心得欄

2 利用鋪貨獎勵方式加快鋪貨成果

　　鋪貨的難處在於：並不是企業想鋪就能把貨順利鋪下去。鋪貨難就難在鋪貨過程中所遇到的來自於管道環節的種種阻力。也就是說，要實現迅速而成功的鋪貨，首要的問題是如何把鋪貨阻力減到最小。

　　要減少鋪貨阻力，在實踐中用得較多的就是鋪貨獎勵政策。在產品入市階段，企業協同經銷商主動出擊，並根據情況給予通路成員一定的鋪貨獎勵，從而拉動二批商和零售商進貨。如果按獎勵方式進行分類，鋪貨獎勵有很多種，比如定額獎勵、進貨獎勵、開戶獎勵、鋪貨風險金、促銷品支援、免費產品和現金補貼等。

　　在大陸行銷相當成功約「康師傅」，他的鋪貨獎勵政策就很有代表性，以「康師傅」PET 新品上市的鋪貨獎勵政策來說明鋪貨獎勵這一策略在有效幫助企業產品快速佔領終端時的作用。

　　「康師傅」PET 新品上市初期，針對經銷商、零售商採取不同的鋪貨獎勵政策，這些鋪貨獎勵政策在其快速佔領終端的過程中起到了至關重要的作用，對其快速鋪貨上架取得意想不到的效果。「康師傅」PET 新品上市鋪貨的案例也因此成為快速消費品市場比較成功的一個關於鋪貨獎勵策略的案例。

　　「康師傅」PET 清涼飲品系列是 1999 年 5 月全面上市的。在推出電視廣告之前，「康師傅」就利用強大的銷售網路，組織業務代表組成小分隊，通過集中鋪貨的方式來提升零售店的鋪貨率，並使「康師傅」清涼飲品系列鋪貨率達 75%以上；在此市場基礎之上推

出電視廣告，使看到廣告的消費者很方便地買到廣告訴求中的產品。之後，「康師傅」針對經銷商和零售商採取了不同的鋪貨獎勵政策。

1.針對經銷商實行坎級促銷

　　首先，「康師傅」針對經銷商實行坎級促銷。在鋪貨獎勵政策實施的第一階段，即 5 月 20 日～6 月 30 日，「康師傅」對經銷商設置的坎級分別為 300 箱、500 箱和 1000 箱，依坎級不同，對經銷商的獎勵分別為 0.7 元/箱、1 元/箱和 1.5 元/箱。在鋪貨獎勵的第一階段將坎級設定較低，主要是考慮到坎級自身的劣勢；但獎勵幅度較大，主要是考慮到新品知名度的提升會走由城區向外埠擴散的形式，在上市初期要廣泛照顧到小經銷商的利益，而小經銷商多分佈在城區。此後，「康師傅」又進行了坎級第二、第三階段的促銷，都取得了較好的效果。

2.針對零售商開展「財神專案」活動

　　5 月 20 日～6 月 30 日，「康師傅」在針對經銷商實行坎級促銷的同時，針對零售店也在進行「返箱皮折現金」活動。在活動中，「康師傅」採取了飲品促銷常見的一項政策，每個 PET 箱皮可折返現金 2 元。在這項政策推出前一週內，市場反應一般，但由於受經銷商的宣傳及市場接受度的不斷提升，零售店對「康師傅」瓶裝清涼飲品系列的接受度直線上升，到 6 月中旬，「康師傅」瓶裝系列在零售店鋪貨率達到 70%。

　　在「返箱折現金」活動獲得理想的鋪貨率的同時，「康師傅」又於 7～9 月針對零售店推出「財神專案」活動，其目的在於增加零售店內產品陳列面、增加產品曝光度和鋪貨率。在這項活動中，「康師傅」規定了獎勵的條件，達到獎勵條件的零售商每陳列 2 瓶指定產

品即送清涼飲品系列 1 瓶。此項促銷政策一經推出即受到零售店的一致認同。「財神專案」連續執行 3 個月，「康師傅」在終端的鋪貨率和曝光度得到極大提升。

在終端行銷的過程中，由於中間批發環節的減少，經銷商在參與終端供貨的前提下，產品價格已加入了適當利潤且很大程度上是由廠家協助其開發市場。為減少經銷商為片面追求銷售額而產生對市場的負面影響，應取消按銷售額給予返利的單一銷售政策，廠方應從多方面綜合評價經銷商的業績，並運用多種杠杆調節，決不能將全部利潤都讓給經銷商，否則不利於控制經銷商。

1. 產品鋪貨獎

產品推廣上市階段，經銷商投入了大量人力、物力、財力對終端市場全方位鋪貨，廠方應根據鋪貨率的高低、產品陳列位置的優劣、POP 廣告發佈及信息回饋狀況對經銷商進行獎勵，激起經銷商鋪貨積極性。

2. 網路建設獎

為加快產品的流通速度，避免產品在經銷商倉庫造成積壓並影響市場銷售，以獎勵形式刺激經銷商強化終端建設，擴大銷售網路。

3. 價格維護獎

現在許多經銷商為追求短期效益，低價銷售、跨區域銷售日益嚴重，導致批發商、零售商無利經營而最終放棄產品。為穩定維護價格秩序，應制訂完善的市場價格管理體系，對於嚴格按廠方制訂價格執行的經銷商給予獎勵。

4. 合理庫存獎

這是對經銷商長期保持合理庫存產品的一種補貼形式，可防止暫時缺貨給市場造成危害，還可控制利用經銷商的有限資金，削弱

經銷商對其他品牌的購買力。

5.模糊獎勵

本項獎勵是針對經銷商銷售量、網路建設、價格信譽、市場佔有率等各項指標綜合考核評定後給予的獎勵，更有利於制約和管理經銷商，防止其為追求某一單項指標而趨於極端化。在物質獎勵方面，應體現明獎少、暗獎多的原則。

6.精神激勵

經銷商作為社會一員，都渴望有較高的成就感和榮譽感，他們在精神方面的需求更多。因此除了物質金錢獎勵外，還應從精神上給予獎勵，如年終針對經銷商評最佳市場培育獎、最佳信譽客戶獎、最佳市場服務獎、銷售狀元等，將客戶邀請到廠裏召開表彰慶功大會；對業績突出者可聘為廠方名譽銷售師、副總經理、行銷顧問等；建立完善的客戶檔案，遇到經銷商生日、特殊節日或生病，由廠方配備禮品祝賀、看望。這些精神激勵方式往往比物質獎勵更為有效，更有利於廠商建立長期、穩定、親密的合作關係。

7.協作獎

根據經銷商對廠家銷售政策執行、廣告促銷配合、信息回饋等情況給予獎勵，有利於廠商關係的穩定發展。

3 鋪貨獎勵的方式

1. 價格折扣

價格折扣是指在原定價格基礎上的再優惠。作為一種激勵方式，只針對銷售任務完成得比較好的經銷商；在合約約定時，對於完成不了任務的經銷商，可取消此項優惠。

根據不同的考核標準，價格折扣又可以分為以下幾種方式：

(1)按照回款速度決定的價格折扣。回款速度越快，折扣越高。

例如，在成交 10 天內現金付款，可給予 2%的原價折扣；超過 30 天付款，除按正常結算外，還要另付利息，這樣可促使經銷商積極售貨、快速匯款。還有提前付款、貨到付款、貨到 15 天內付款、貨到 30 天內付款等不同時間的付款折扣標準。

(2)重複進貨頻率折扣。以經銷商每次的進貨量或金額為標準，制訂的價格折扣就是數量折扣。一次性進貨量越大，給予的價格折扣就越大。折扣在貨款清付時執行，合約如有約定也可除外。

按一次性進貨量的大小來給予相應大小的價格折扣，會直接刺激經銷商每次的進貨量，鼓勵一次性大量購買。另外一種方法是累計進貨量，也稱「坎級政策」，即在一定時間內，根據進貨累積達到的數量給予一定價格折扣。單位時間內累計量越大，折扣就越大，這是鼓勵經銷商長期購貨的方法。如購買飲品 200～500 箱，價格優惠 2%；500～1500 箱價格優惠 5%；超過 1500 箱價格優惠 7%；累計超過 1000 箱價格優惠 10%。這種方法的弊病是容易造成管道成員過早利用這個政策，壓迫企業和其他管道成員，造成竄貨行為，

同時也容易使製造商的市場價格被迫降低。

(3)季節折扣。季節折扣時指製造商對經銷商經銷季節性產品的一種激勵制度。為了保持經銷商或零售商在淡季購買產品，製造商在價格上給予一定的優惠，即給予一定的價格折扣。季節折扣的幅度根據季節的轉換決定，有些產品是在轉季的時候也轉換了淡旺季的關係。在旺季轉換到淡季的時候給予經銷商折扣，目的是期望大型經銷商能夠幫助囤貨，在進入第二個旺季之前能夠幫助搶佔市場。這樣的折扣幅度一般比較小，通常保持在百分之幾。

(4)銷售折扣補貼。銷售折扣補貼是製造商為了鼓勵經銷商積極推銷自己的產品而設立的，是在規定單位時間內完成目標數量的一種價格補貼。這種補貼一般在事前約定，一是規定了銷貨時間，二是規定了應銷售的貨品量，三是規定了不同情況下給予的折扣幅度。在最短時間內，銷售盡可能多的貨物，折扣就會大，反之則比較小，甚至沒有折扣優惠。

(5)進貨品種搭配折扣。經銷商在進貨時，能同時買進企業幾種或幾大類大小不同，或口味不同，或顏色款式、檔次不同的產品，給予經銷商一定價格優惠。這種優惠重在鼓勵經銷商或零售商，將製造商滯銷的產品連同暢銷產品一齊推向市場，以免造成不必要的積壓和損失。

2.補貼激勵

陳列展示補貼。陳列展示也是一種積極的推銷手段，將產品陳列展示在商家專櫃、大型商場的重要區域，或在大型公司商業活動中展示產品都可以收到一定的商業效果。如果這些工作由當地經銷商完成，那麼製造商應給予一定的費用補貼。陳列展示的費用主要是人員工資、場地租用費、展示製作費和宣傳製作費等。展示陳列

還經常發生在大型超市，這些大型超市往往利用其品牌效應和巨大的影響力、銷售量，讓製造商拿出一部份錢來進行補貼，有些是以進店費、堆頭費的名義來達成的。

3. 評獎

為活躍行銷氣氛，充分激起管道成員的經營積極性，製造商可以經常在經銷商之間組織一些競賽活動，並對優勝者給予獎勵。製造商可以設置目標獎、成長獎、專售獎、抵押獎、熱心獎、合作獎、付款獎等。

⑴目標獎。製造商事先設定一個銷售目標，如果客戶在規定的時間內達到了這個目標，則按事先的約定給予獎勵。為兼顧不同客戶的經營能力，可分設不同等級的銷售目標，其獎勵額度也逐漸遞增，使客戶向更高銷售目標衝刺。

⑵成長獎。經銷商的銷售業績與上一年度同期相比增長一定幅度後給予的獎勵。

⑶專售獎。經銷商只銷售製造商的產品，而不銷售同類競爭產品而得到的獎勵。

⑷抵押獎。經銷商按照製造商的規定支付抵押金後而給予的獎勵。

⑸熱心獎。經銷商積極參加製造商的各種銷售培訓和聯誼活動、促銷活動後，製造商給予一定的獎勵。

⑹合作獎。根據製造商的鋪貨情況而給予一定的獎勵。

⑺付款獎。製造商根據經銷商的回款及時情況給予一定的獎勵。

4. 其他激勵方式

⑴延期付款或分期付款。經銷商先進貨，過段時間後再向製造

商付款，或分幾期向製造商付款。這樣，可以照顧到一些經銷商的資金週轉困難，同時也是為了吸引更多的經銷商積極進貨和售貨。壓批付款的方式也是一些製造商常用的方式之一。壓批付款就是製造商把第一批貨定一個數量給經銷商進行壓貨，當經銷商再進第二批貨的時候，將已經約定好的壓貨貨款減去後，付清其餘貨款。

(2)隨貨獎勵。製造商在經銷商進貨後，以一定的量為單位，用同一產品相贈。例如購進 50 箱可樂，則另送 1 箱。還可以採用隨箱贈其他禮品等不同的方式，目的是讓零售終端能夠把產品迅速上架。隨貨獎勵有不同的目的，有對經銷商的，有對零售商的，對經銷商還可採用隨貨贈企業其他產品的方法。用贈品券、折價券、抽獎券等對批發商、零售商進行激勵。貨越多，中獎幾率就越大。進貨達到一定數目，再贈送旅遊券、足球賽入場券等。

(3)陳列附贈。為方便經銷商進貨後產品的陳列，製造商提供給零售商售賣現場的設備，如冰箱、陳列架、售賣機等。同時製造商還可提供一些樣品和宣傳展示用的 POP 工具等。

(4)低位提升。如客戶原來是二級批發商，可以將其提升為區域經銷商；如原來為區域經銷商，可以將其提升為一級經銷商。低位提升可以激起管道成員的積極性。

4 鋪貨廣告造勢的階段工作

　　新品上市，最重要的是集中所有的優勢資源，為新產品順利進入市場，進入同競爭產品的競爭中創造條件。因此，廣告打擊和促銷活動都是鋪貨的工具。利用終端鋪貨和主題促銷加強產品在新市場新環境中的表現，這是一個基本原則。

　　廣告鋪貨是一種拉式鋪貨，即企業通過廣告的投放，引起消費者的興趣，激起其購買慾望；之後，消費者向終端售點尋找，而終端售點又向廠家要貨的這樣一種由需求拉動的鋪貨方式。

　　在新產品上市的實際執行中，總是出現廣告和終端鋪貨脫節的現象。不論你是怎樣的品牌，不論你有怎樣的廣告轟炸，如果沒有終端鋪貨的支撐，產品再好、名氣再大也沒法銷售。

一、廣告、鋪貨與促銷的關係

1. 廣告是產品宣傳促進銷售的強大拉力

　　傳播已經形成現代行銷的要素之一，就在於它有可能轉化為實際效益的能力。但不是所有的產品銷售在廣告的拉動下都能迅速成長，並取得效益。這也涉及很多複雜的問題，例如產品的品質特色、產品的定位、廣告傳播的策略等。單就廣告傳播的策略就很有研究的餘地：廣告片的製作、投放的力度、投放的策略等。每個因素都可能制約產品的發展，但每個要素都要良性發展完美結合，加之產品本身的質地、推廣的手段等都合理穩步進行，才能使產品踏上健

康的生命週期，逐漸走向成熟。因此廣告不是萬能的，但確是打造品牌所必需的營養元素。

2.鋪貨是每個企業都必須做好的基市功

只有很高的鋪貨率才能談得上銷售。不管依靠那種方式鋪貨，是廣告拉動、大力促銷還是招商，都得完成這個行銷步驟。所以說產品的良好品質是其得以推廣成功的保障，高效密集的鋪貨是產品銷售成功的基礎。

3.促銷是產品推廣的推進器和興奮劑

促銷有好的一面，也有負面的效應，不可忽視，更不能極左也不能極右。適度對管道的促銷和推廣，可以提高產品的鋪貨率；對終端銷售促進式的促銷，可以增加產品的曝光率和產品的受眾面，從而增加產品的滲透力度，直接促進產品的銷售。但過度的促銷無異於飲鴆止渴，殺雞取卵，輕者導致管道促銷上癮和依賴性，不促管道就不進貨，不促終端就不進貨，感到利益受損，銷售也感到困難；嚴重的導致辛苦培養的「忠誠」或者是將要「示誠」的消費者，也形成了一種習慣行為，不促銷不打折就不購買。這是產品在消費者潛意識裏價值已經縮水和貶值的明確信號，這將是預示著產品走向沒落一個的標誌，接著就是降價，然後無利潤，最終停產的悲慘結局。所以說促銷對產品的促進作用是適度的，適可而止的，過猶不及。

二、廣告鋪貨的兩種操作方式

根據廣告投放與鋪貨上市的時間先後不同，廣告鋪貨有兩種操作方式：鋪貨在前、廣告在後與廣告在前、鋪貨在後。

1. 鋪貨在前，廣告在後

為了有效減低風險，很多企業多採用此種方式。雖然這種方式風險小，廣告浪費少，但鋪貨阻力很大，首先有實力的經銷商品和大型銷售終端不願意接受；其次，將花費較長的鋪貨時間，甚至還會出現產品滯銷，銷售終端紛紛要求退貨的問題。

2. 廣告在前，鋪貨在後

在產品鋪貨前先投放廣告(影視、戶外、POP 等)，通過廣告使消費者瞭解產品，熟知其功能、特徵，使消費者產生需求，從而拉動消費，促使經銷商和終端商主動要求鋪貨。這樣做，終端阻力小，經銷商有信心，也比較支持，能夠促進其快速完成鋪貨任務，同時貨款回收也比較快。但是，其弊端是提前做廣告風險較大，如果鋪貨不順利，就會造成大量廣告資金浪費，也會挫敗銷售終端和批發商的積極性。

而通常所說的廣告鋪貨就是指這種廣告在前、鋪貨在後的鋪貨方式。先期在相關媒體投入廣告，一段時間後再進行產品鋪貨，廣告營造聲勢搶佔先機。這種戰術在於以迅雷不及掩耳之勢搶佔管道，使競爭者無法及時反應，從而爭取到充足的推廣時間，順利在市場上立足。

這種方式的重點是先刺激需求，然後以需求帶動產品的流通。一方面先打廣告可以使消費者產生認知，因為廣告效應具有滯後性，消費者對廣告要接受一定程度後才會產生購買行為，可以充分利用時間來安排鋪貨。另一個重要方面則是廣告的投放利於對管道的控制，因為管道進貨往往受廣告的影響，甚至是一個主要的因素，因此在廣告後鋪貨，可以順利地使管道接受產品，縮短鋪貨的時間。採用這種方式最關鍵的是要對市場進行充分的調查，掌握消費者及

管道對廣告的態度；同時也要做好充分準備工作，在投放廣告的同時完成鋪貨所有前期工作。三是鋪貨時間要掌握好，可以在市場上造成期待心理後再鋪貨，但時間不能拖太長，以免使消費者的興趣降低。

例如，勁酒就非常注重終端 POP 廣告的投入，POP 廣告與首次鋪貨同時進行，貨到廣告到，在首次鋪貨時組織專人將鏡框式廣告畫、小紅繡球、圓球筆等配發、投放到位，並定期檢查、維護，利用廣告宣傳迅速提升品牌影響力，促進銷售。

三、廣告鋪貨的 4 個階段

廣告造勢鋪貨的關鍵點是要對市場進行分析調查，掌握消費者及管道商對廣告的態度，同時也要做好充分準備，在投放廣告的同時完成鋪貨所有前期工作。一旦時機成熟，則迅速完成鋪貨。同時以高比例的實物返利刺激管道大量進貨並造聲勢，使產品迅速流入各管道。在管道促銷開展的同時還要配合媒體投入宣傳活動以拉動消費者的需求，呼應管道的推廣活動，使產品能順暢地流通到終端。

在廣告鋪貨的過程中，廣告與鋪貨，那個在前那個在後都各有利弊。廣告和鋪貨交替進行是一種合理的解決方案。

根據在不同階段用於鋪貨廣告重點和不同目的，可將廣告鋪貨分為：

1. 鋪貨試驗階段

在該階段，企業並不投入大量廣告，只是在市場上已有產品的基礎之上，測試經銷商和銷售終端對企業的態度。如果在沒有廣告的情況下，產品的終端銷售已經呈現非常火熱的局面，那麼只需要

稍加輔助一部份廣告就可以快速達到產品迅速佔領終端的效果。但如果終端對產品反應平淡，那麼企業就得努力思考，如何才能贏得終端的注意力，加快鋪貨上架。

2. 廣告鋪貨階段 I

在鋪貨試驗階段的基礎之上，企業可以投入小規模的廣告，引起經銷商和銷售終端的注意，使其感覺這一產品有廣告支援，刺激兩者的積極性。

3. 廣告鋪貨階段 II

在經銷商和零售商願意積極推廣企業的產品後，企業千萬不能認為廣告投入可以就此結束，因為缺少後續廣告拉力的鋪貨很容易陷入低谷，經銷商和零售商會因為企業廣告投入量的減少而怨聲載道，企業的貨架空間也很容易被其他願意投放廣告的競爭對手搶奪。因此，在這一階段，企業應少量投入廣告，建立消費拉力，贏得經銷商和銷售終端的信任。

4. 廣告鋪貨階段 III

鋪貨達到一定水準後，就要展開第三輪大規模廣告攻勢。第三輪廣告投放量要大，持續時間要長。

繼續激起經銷商和零售商經銷此產品的信心，將前兩次鋪貨未能到位的地方鋪貨到位；激發消費者的購買熱情，拉動終端消費；提高競爭對手爭奪終端成本。

在企業投放廣告，與經銷商和銷售終端配合擴大終端陣地之後，會引得競爭對手紛紛效仿，此時，企業需要大量投入廣告，滲透銷售終端，迅速擴大鋪貨率，以提高競爭對手以同樣的方式佔領終端的成本。但企業在鋪貨過程中不能僅僅依靠廣告來進行鋪貨，過分高估了廣告帶來的管道拉力，從而使鋪貨落後於廣告，得到的

只是慘痛的教訓。

5 善用銷售獎勵

目前大多數企業對經銷商採用的方式，是通過銷量獎勵政策，鼓勵經銷商做大，做得銷量越大，銷量獎勵比率越高。

一般來講，銷量獎勵是指廠家根據一定的評判標準，以現金或實物的形式對經銷商的滯後獎勵。其特點是滯後兌現，而不是當場兌現。從兌現時間上分類，返利一般分為月返、季返和年返三種；從兌現方式來分類，返利一般分為明返和暗返兩種；從獎勵目的上來分類，返利可以分為過程返利和銷量返利。

由於返利多少是根據銷售量多少而定的，因此經銷商為多得返利，就要千方百計地多銷售產品。這種做法有其正確的一面，畢竟提高銷售量是企業銷售工作的重要目的，尤其是在產品進入市場初期，企業要急於打開市場，提高生產規模，降低成本，此時，銷量獎勵政策對企業是很有利的，其作用不可低估。

1. 善用銷售獎勵

某家電給經銷商開出了銷量獎勵指標：保底銷量指標為120萬，力爭銷量指標為150萬，衝刺銷量指標為180萬，其獎勵比例分別為1%，3%和5%，其相對應的獎勵金額分別為1.2萬元、4.5萬元和9萬元。從這個銷量獎勵指標可知，如果能達到衝刺銷量，即比保底銷量多60萬，即可多得7.8萬元的返利，這是保底銷量的好幾倍。因此，該政策一出臺，這個區

域市場上的經銷商均開始大肆提貨，但該區域市場的容量是一定的，根本消化不了這麼多貨，於是經銷商開始向週邊地區市場低價竄貨。

儘管對竄貨是三令五申，但這些經銷商以貨款作威脅，再加上經銷商之間互相推諉，場面無法控制。情急之下，切斷了幾家竄貨量較大的經銷商的貨源，這幾家經銷商聯合起來將手中的貨低價拋售，造成了產品價格體系的崩潰，最後產品也退出了這一市場。

如何發揮銷量獎勵政策的激勵作用，同時儘量抑制其負面影響呢？這就需要掌握一個「度」的問題。

多用過程獎勵，少用銷量獎勵。首先，廠家在制定銷量獎勵政策時，要多用過程獎勵，少用銷量獎勵，儘量把獎勵分解細化，把一個簡單的銷量獎勵設計成為一個綜合考核評定的獎勵政策。例如，某企業的獎勵政策是這樣的：

經銷商完全執行企業的價格政策，獎勵 3%；

經銷商超額完成規定銷售量獎勵 1%；

經銷商沒有竄貨行為，獎勵 1%；

經銷商積極配合企業的市場推廣和促銷計畫，獎勵 1%。

根據這樣的獎勵政策，經銷商心中很明白：實實在在地與廠家合作進行銷售才能獲得最大的利潤。

其次，企業可以針對銷售過程的種種細節設立各種獎勵。產品的鋪貨率、產品的市場佔有率、合理庫存率、貨款的回收、執行企業價格政策的程度、配合企業新產品推廣及促銷活動等指標，都可以與企業的返利政策掛鉤。

企業在制定獎勵政策時，將這些指標納入評估系統，可以防止

經銷商的不規範運作,約束那些想利用銷量獎勵進行竄貨的經銷商。

第三,注意在產品不同生命週期階段,獎勵政策的側重點有所不同。

在產品導入期,新產品上市,必須依靠經銷商的積極配合方能進入市場,這個時候廠家可以提高獎勵額度,鼓勵經銷商提貨,從而提高市場鋪貨率和佔有率。

在產品成長期,由於此時的重點是搶佔市場,打擊競爭對手,故在制定返利政策時應加大專銷、信息回饋、配送力度以及促銷執行效果等項目的考慮。在產品成熟期,管道末端拉力強勁,銷量較為穩定,應重視管道秩序的維護,嚴格遵循價格體系進行出貨,此時銷量獎勵起輔助作用。

第四,在獎勵政策的兌現上,應遵循多實物少現金的原則。盡可能少用現金,多用其他形式的獎勵,如生活用品、購物券、旅行等獎勵,以及有助於幫助經銷商提高經營績效的電腦、交通工具或經銷商培訓等獎勵。

2. 多用暗獎勵,少用明獎勵。

銷售暗獎勵也是常用的一種激勵經銷商的手段。所謂的暗獎勵是指同一經銷商在不同時期、不同產品的利潤不同;不同經銷商在同一時期,同一產品的利潤不等。

暗返利是借鑑「即開型」彩票,在每個季(可選用一個時間段),廠家和經銷商、分銷商簽訂獎勵協議,其中獎勵的數字必須用黑色遮住。簽約時,經銷商和分銷商都不知道獎勵的具體數字,在結算獎勵時,經銷商和分銷商都有資格知道獎勵是多少。經銷商和分銷商的獎勵都由廠家支付。

暗獎勵的好處有:不僅僅制止了竄貨,而且使管道更加順暢;

加大了經銷商和分銷商的利潤，在這個時候的分銷商都相當於以往意義的經銷商，就刺激了銷售，打擊了競爭產品和同類產品，價格也更加的穩定。

百事可樂公司對返利政策的規定細分為 5 個部份：年扣、季獎勵、年度獎勵、專賣獎勵和下年度支持獎勵。除年扣為「明返」外（在合約上明確規定為 1%），其餘 4 項獎勵均為「暗返」，事前無約定的執行標準，事後才告之經銷商。

⑴季獎勵。在每一季結束後的兩個月內，按一定進貨比例以產品形式給予。這既是對經銷商上季工作的肯定，也是對下季銷售工作的支援，這樣就促使廠家和經銷商在每個季合作完後，對合作的情況進行反省和總結，相互溝通，共同研究市場情況。

同時百事可樂公司在每季末派銷售主管對經銷商業務代表培訓指導，幫助落實下一季銷售量及實施辦法，增強相互之間的信任。

⑵年扣和年度獎勵。是對經銷商當年完成銷售情況的肯定和獎勵。年扣和年度獎勵在次年的第一季內，按進貨數的一定比例以產品形式給予。

⑶專賣獎勵。是經銷商在合約期內，在碳酸飲料中專賣百事可樂系列產品，在合約結束後，廠方根據經銷商銷量、市場佔有情況以及與廠家合作情況給予的獎勵。

專賣約定由經銷商自願確定，並以文字形式反映在合約文本上。在合約執行過程中，廠家將檢查經銷商是否執行了專賣約定。

⑷下年度支持獎勵。是對當年完成銷量目標，繼續和百事可樂公司合作，且已續簽銷售合約的經銷商的次年銷售活動的支持。此獎勵在經銷商完成次年第一季銷量的前提下，在第二季的第一個月以產品形式給予。

　　因為以上獎勵政策事前的「殺價」空間太小，經銷商如果低價拋售造成的損失和風險，廠家是不會考慮的。且百事在合約上還規定每季對經銷商進行一些項目考評，例如實際銷售量、區域銷售市場的佔有率、是否維護百事產品銷售市場及銷售價格的穩定、是否執行廠家的銷售政策及策略等。

　　為防止銷售部門弄虛作假，公司規定考評由市場部和計畫部抽調人員組成聯合小組不定期進行檢查，確保評分結果的準確性、真實性，做到真正獎勵與廠家共同維護、拓展市場的經銷商。

心得欄 ----------------------------------

----

6 用廣告補貼來刺激經銷商

對於企業來說，通常資金還不足，大張旗鼓地進行廣告推廣顯然心有餘而力不足。但是，廣告又不能不打，只能對經銷商進行廣告補貼以提高其積極性來促進產品快速進軍終端。

1. 廣告補貼的分類

廣告補貼作為企業提供給經銷商的實物或資金支持，能否發揮實效有幾大關鍵要素：廣告策略對區域市場是否適應，廣告補貼方法是否科學，廣告創意表現是否準確，媒體組合是否科學合理，廣告補貼是否專款專用。

企業根據產品鋪貨的需要，通常把廣告補貼按不同分類標準分成以下幾類：

(1)按廣告補貼的形式分類。按廣告補貼的形式不同，可以將其分為實物補貼和資金補貼兩種。

(2)按廣告補貼的方法分類。按廣告補貼的方法不同，可以分為以下幾種：按進貨量的百分比進行補貼，如按進貨量 2%進價配置；

按季市場增長幅度進行補貼，如季市場增長 5%，返點 1%；晒按鋪貨目標進行補貼，例如，完成季鋪貨目標，返點 2%。

(3)按廣告補貼的構成分類。按廣告補貼的構成不同，可將其分為基礎補貼、申報補貼、潛力補貼、業績補貼等。

基礎補貼主要用於銷售物料及促銷工具，申報補貼是一種臨時性補貼，而潛力補貼則帶有隨機性，業績補貼一般要求在簽約時就要確定銷售額目標。

2.廣告補貼的執行

要想建立健全一整套的廣告補貼流程，企業必須加強對關鍵環節的控制：

(1)計畫申報。經銷商要於每月下旬申報下月《月度廣告計畫》，包括廣告目標、媒體選擇、廣告段位或版面、發佈時間、發佈頻次、廣告預算等，明確廣告補貼使用方向。

(2)計畫審批。《月度廣告計畫》要經企業審批，並在 5 個工作日內以書面形式通知經銷商，以免貽誤最佳的廣告促銷時機。

(3)補貼使用。廣告補貼必須針對鋪貨產品專款專用，按照既定廣告規則發佈廣告。廣告補貼只是部份宣傳費用，超額費用經銷商自理；對於銷售物料、促銷工具，可按實際成本作為廣告補貼的一部份。

(4)支援監督。企業要深入市場實施助銷，要有組織保障，諸如成立區域行銷管理機構，或派出助銷代表，以把握經銷商廣告執行情況，既支援又監督。

(5)報銷核准。企業要嚴格核准報銷。一是未經審批的《月度廣告計畫》不能申請廣告補貼；二是超標不報，報銷費用的額度參照合約約定。如無臨時性申請，超過合約約定部份不報；三是不履行程序不報，經銷商申請廣告補貼要提供完備的手續，包括宣傳品樣本及刊播證明材料。

(6)補貼兌現。補貼兌現要做到及時、足量、足額，這對激勵經銷商並樹立其廣告再投入信心很重要。企業審核批准後要書面通知經銷商，在 5 日內兌現補貼，或者以貨相抵。

兌現方法也很重要，諸如可以明補(如經銷商大會上兌現，激勵士氣)，也可以暗補(如一對一式兌現)。

(7)總結評估。在每次廣告執行 1～3 個月內，經銷商要撰寫《廣告推廣效果評估》，上報企業，為下一步制訂或調整廣告計畫奠定基礎。

3.廣告補貼的執行事項

企業實施廣告補貼要注意以下幾點：

(1)資金補貼與實物補貼相結合。單純實物補貼，會導致經銷商售賣促銷品(非賣品)，以及為「處理」贈品低價甩貨。這既損害企業形象，又破壞市場秩序。

(2)廣告補貼要因地制宜。

如果補貼全國上下一樣，就會忽略區域市場的差異性，這是財大氣粗的企業常犯的錯誤，會造成廣告資金資源的浪費。

(3)廣告補貼不能照搬照抄樣板市場經驗。一般企業都是在試點市場先行試銷，樹樣板市場，然後再全面招商推廣。雖然這種做法可行，但是廣告補貼方法、形式、額度不能完全複製樣板市場。

(4)既要返點也要監管。如果廣告補貼只採取銷售返點的形式，經銷商就有可能把返點當成自己的「利潤」，為實現這份利潤可能會產生很多短期行為。

(5)要兼顧業績和長遠發展。眼前業績並不能代表市場潛力與成長性以及市場培育價值。因此，補貼支持不要忽略潛力型市場。

7 針對客戶的鋪貨促銷有必要

某家飼料企業原本效益很好，也沒有做過促銷，直至其他企業後來居上。這家企業慌了，於是召開銷售人員會議。銷售人員沒有不抱怨的：人家企業做得多好，農民買一包飼料可以得到一件襯衫，經銷商做大了送你去國外考察。企業想，這不是很難，我們也做！

每年 6～8 月是農忙時節，農戶都忙著雙搶。養殖業是淡季。企業想，淡季一定要刺激農民，誘導農民購買。於是，該企業製作好了襯衫，而且很漂亮。7 月底，銷售人員又向企業抱怨：怎麼這麼晚才給市場發放促銷品，別人早就做了。原來競爭企業在 5 月底就將襯衫全部發放到位，農民在雙搶時根本沒有時間去購買飼料，那時你的襯衫還在加工企業做呢！

第二年，該企業很早就準備好了促銷品，是品質很好的香皂。農忙時農民每天都要洗澡，香皂是他們的必需品。但結果和預料大相徑庭：經銷商拒絕大量進貨。銷售人員從市場前沿報告：經銷商已經大量進了競爭廠家的貨，原因是該廠家開展了一個活動，在市場淡季完成旺季 85％銷售額的經銷商可以參加企業的出國考察團。競爭廠家已經搶佔了經銷商的倉庫和資金。

在產品推廣中，鋪貨是至關重要的一個環節，那麼鋪貨環節如何操作，應該採用什麼樣的鋪貨方式也是一直困擾企業的一個大問題。

由此可見，促銷對於企業快速將產品鋪貨上架的時效性至關重要。促銷鋪貨主要是利用廠家的優惠條件、促銷贈品或是人員上門推銷等方法，推動經銷商向終端鋪貨這樣一種通過誘因推動產品向終端鋪進的鋪貨方式。

目前各類市場推廣活動五花八門、種類繁多。單就如何確保終端產品迅速下貨而言，企業更樂意使用促銷這一鋪貨方法。鋪貨促銷的內容萬變不離其宗，一般就是優惠銷售、免費試用裝、買即贈。當然活動形式和花樣可以不斷變換。

一、鋪貨促銷的特徵

一般來說，鋪貨促銷適合實力偏弱的企業及中小代理商、經銷商等，往往在新產品上市或老產品應對同類產品競爭時，採取促銷的方法促進產品快速佔領終端。

鋪貨促銷適於大面積戶外場所或大賣場，也可按促銷網點的形式來全面佈局。一般促銷的售點店內有專櫃，店員已受訓練或有促銷員派駐，客流量也較大。

通常，企業或經銷商採用的鋪貨促銷方式都有以下特點：

1. 指導性

操作鋪貨促銷活動時，通常企業會就活動方案對經銷商在方案操作、程序、規模、媒體傳播等方面給予全面指導。

2. 長期性或定期性

企業促銷活動一般持續的時間較長，如有個叫酸痛靈的產品就在藥店做了長達兩年的免費試用促銷。

3.固定性

固定的地點和固定的時間，這是鋪貨促銷活動最突出的表現，大多數企業的鋪貨促銷都在週末。

4.速效性

鋪貨促銷活動達到的效果往往就是「刀下見菜」，銷量上揚，但「過期不候」，後期效果及影響力均不佳。

5.現場通告性

常規促銷一般都借助於促銷現場 POP、展示牌、海報、人員講解等方式來通告促銷活動內容，而不在大眾媒體予以通告。

二、鋪貨促銷的方式

為了吸引零售店進貨，鋪貨時要開展促銷活動。鋪貨促銷方式有：

1.促銷品獎勵

企業和經銷商可用促銷品吸引零售店進貨。促銷獎勵的關鍵是選擇能夠吸引人的促銷品。促銷品要選擇實用價值大的產品，如餐具、圓珠筆、開瓶器、圍裙、臺布、飲水機、消毒櫃、冰櫃、展示櫃等。

2.鋪貨獎勵政策

設定等額或坎級政策，進多少貨獎勵多少現金、同樣產品或其他實物等。如「現款進貨 20 送 1」政策等。

3.陳列獎金

為突出產品賣相和營造暢銷氣氛，規定一個陳列標準，達到者給予一定獎勵。陳列方式有產品店內堆頭展示、店內造型堆頭展示、

展示櫃展示、餐桌展示等。

例如：鋪貨時對終端進行戶外陳列展示，每店展示堆頭不少於 10 件，金字塔式堆放，連續展示 20 天(下雨天除外)，經公司檢查符合要求，就獎勵終端 5 件果啤。

4. 有獎銷售

有獎銷售不是鋪貨獎勵，而是額外確定或不確定的獎勵。有獎銷售方式有累計銷量獎勵、抽獎獎勵、開蓋有獎獎勵等。如金星小麥啤酒終端鋪貨時承諾累計銷售 500 件獎勵自行車一輛、1000 件獎勵冰櫃一台、2000 件獎勵馬來西亞三日遊。

5. 免費贈品

新產品上市，為了讓消費者親身體驗產品品質，可以根據終端進貨量，贈送試用裝，如 10 送 1 等。銷量積累獎勵的產品可以銷售，免費贈送的試用裝必須讓消費者免費試用，終端商不得銷售，鋪貨人員要嚴格監督終端商的執行情況。

6. 收集包裝部件獎勵法

為刺激終端進貨、銷售的積極性，可以採用收集產品包裝部件來兌換現金或實物的獎勵方法。如某品牌箱裝啤酒鋪貨時，規定在一個月內終端收集的紙箱，每個可兌換 2 瓶啤酒。

7. 地面助銷活動

鋪貨時開展行之有效的地面助銷活動，不僅可以為鋪貨活動增光添彩，而且可以直接和消費者面對面溝通，讓消費者瞭解企業、品牌、產品信息，激發其消費慾望；同時又可以瞭解消費者對產品、服務和企業的看法，便於收集第一手資料。

此外，地面助銷活動也是對終端商工作的支援和促進，可以增進與終端商的客情關係。主要有路演宣傳、有獎銷售、免費試用等

方式。開展地面助銷活動時,行銷員要認真籌備,尤其要注意地點的選擇、方式的設計、道具的準備、人員的組織與分工等。

三、鋪貨促銷的策略

促銷對於提升當期銷量、提升品牌形象都具有非常重要的作用,因而促銷是快速鋪貨上架最重要的行銷方式之一。

1.價格促銷

價格促銷主要是降價促銷。為了提高競爭優勢,一些品牌採用降低供貨價針對經銷商和賣場促銷,提高其進貨積極性;為了提升購買率,還可針對消費者進行降價促銷,如某品牌在耶誕節平安夜在指定的賣場中將終端銷售價原價 10 元/瓶降到 4 元/瓶,取得了良好的促銷效果。

2.贈品促銷

贈品可分為兩種:一種是贈產品,一種是贈禮品。贈產品是最常用的一種方式,如買 10 送 2 活動。贈送禮品,可採用消費不同數量獎勵不同價值禮品的方式,如金星啤酒實行銷售 5 瓶獎勵發光戒指一個,銷售 10 瓶獎發光棒一支,銷售 20 瓶獎球面電子錶一個,當場消費,當場獎勵,效果非常好。

3.人員促銷

由企業向賣場派促銷員進行現場促銷,如向消費者推介、組織贈品或其他的促銷活動、賣場導購等。促銷人員要選擇年齡在 18～22 週歲具有中專以上學歷的氣質佳、形象好、充滿青春時尚氣息的青年。由於女性親和力更強,最好使用女性促銷員。要加強促銷員的培訓,提高促銷員禮儀素養、溝通能力,具有較強的促銷技能,

促銷員要統一著裝，服裝青春美麗大方，但不能太性感。要加強促銷員的管理，制訂合理的薪酬和激勵機制，充分激起促銷員的積極性。

4.幸運獎促銷

在賣場現場舉行投標積分、擲骰子、門票抽獎、刮刮卡等形式產生幸運獎，獎勵相應的禮品，目的是刺激消費者的消費激情，提升品牌記憶力。

5.節日促銷

利用聖誕、元旦、情人節、愚人節、母親節等節日在夜場舉辦相關主題的促銷活動，如情人節可採取購買指定品牌巧克力贈玫瑰。再如，H 品牌啤酒曾在耶誕節邀請部份外國留學生到夜場終端共度聖誕，凡消費 H 品牌啤酒的消費者均可有機會與外國留學生同台表演節目、合影留念，取得了較好的效果。

6.品牌生動化傳播策略

許多消費者具有較強的品牌意識，對品牌有較高的忠誠度和偏好性，故加強夜場終端的品牌生動化傳播是非常重要的。

(1)POP 投放。POP 是效果最明顯的品牌終端傳播形式，常見的 POP 主要有 X 展架、吊旗、招貼畫、燈箱、微型啤酒桶等。

(2)產品展示。產品展示的品牌傳播效果更加直觀，分吧台展示、堆頭展示和展示櫃展示。吧台是消費者注目率較高的地方，展示在吧臺上的產品擺放位置要醒目，高度不能低於人眼的平視點，擺放數量較適中，不能過少不醒目；在比較寬敞的大堂可以進行堆頭展示，讓消費者進店後能夠在第一時間接觸到這一品牌，提高品牌購買率，堆頭造型要獨特，可以製作如瓶形、螺旋形、階梯形的專用的展示架放置產品；在一些超市，可以通過展示櫃展示產品，

大型超市的夜場有統一的產品冷藏暗式貨櫃，具有較強的展示效果，產品一定要擺放整齊，燈光明亮。

⑶人員傳播。促銷人員造型美觀大方、色彩搭配合理醒目的服裝也會起到良好的品牌傳播作用；促銷人員熱情週到的服務和對企業文化的宣傳都是對品牌良好形象的塑造和傳播；要重視口碑傳播，通過開瓶提成等利益方式提高夜場服務員促銷積極性，在促銷過程中強調服務員對產品品質、口味特色和品牌文化進行著重描述，通過第三方的口碑宣傳，提高品牌可信度和忠誠度。

⑷禮品展示。企業可將促銷品放置在展示架或展示櫥窗裏，放在夜場大廳明顯位置，廣泛地展示給消費者，刺激消費者的消費慾望。

⑸藝術品展示。可製作造型、功能奇特的藝術品放在吧台等醒目位置進行品牌展示，可以引起許多消費者注意，起到非常好的品牌傳播效果。

心得欄 ------------------------------

----

8 不同市場階段的鋪貨促銷要點

　　產品處於生命週期的不同階段，鋪貨產生的作用是不一樣的。在產品的成長期，需要通過鋪貨來創造產品與消費者見面的機會；當產品逐步進入成熟期，鋪貨對迅速提升產品銷量起著非常重要的作用；在產品進入衰退期之後，很多終端商對產品的銷售都不抱以積極的態度，於是還需要用鋪貨來提高產品在終端的見面率。另外，不同產品的淡旺季所採取的鋪貨策略也不一樣。對於大部份日用消費品，在淡季進入旺季時，需要鋪貨搶佔終端的庫位；在旺季轉入淡季時，也需要通過鋪貨力保淡季產品的陳列面。

一、市場淡季的鋪貨要點

　　當銷售處於淡季時，整個行業消費力極其低下。這時，許多企業認為，越是不好賣越要增加消費誘因，刺激消費者的消費慾望；還有企業試圖利用消費者認為淡季產品便宜的心理，針對消費者進行促銷。對於大多數企業來說，這個時候做促銷，效果不會太好。在淡季，聰明的企業眼睛緊盯著經銷商的倉庫和口袋。如果產品能夠佔據經銷商的倉庫和流動資金，在市場回升時，自然就搶佔了先機，並且給競爭企業產品進入設置了壁壘：經銷商的倉庫是滿的，手上也沒有那麼多錢進貨。因此，在市場淡季，企業鋪貨時應盯緊經銷商的倉庫和資金。

二、市場回升期的鋪貨要點

當消費者瞭解產品及產品的功能並開始購買，銷售呈現上升勢頭，市場進入回升期，這時會出現一個消費快速拉動的過程，這個階段的時間一般十分短暫，銷售迅速進入高峰期。這也是企業競爭最為關鍵的階段。必須讓消費者在最容易購買的地方買到企業的產品。但是，很多企業認為，淡季已經將貨送到了經銷商那裏，經銷商一定會盡力推銷。但是錯了。這個時候在管道各成員中，起關鍵作用的是批發商和零售商，他們才能真正將產品放上貨架。市場回升前，企業就應該開始為經銷商的庫存做分流了，將貨鋪到批發商和零售商的倉庫和貨架上。如果在這些方面做到位，就比競爭對手爭奪消費者快了一步，再一次給對手設置了壁壘。

三、市場高峰期的鋪貨要點

當市場進入高峰期時，這個時候促銷對象一定是終端消費者。但這裏面也有偏失。一些企業認為，旺季原本就可以賣得很好，促銷不做也罷。這是很多企業容易犯的錯，認為促銷是因為不好賣，而產品好賣再做促銷則是浪費。

企業在市場高峰期做促銷是為了提高銷量。對於經銷商來說，旺季也是他們銷售頂峰，這個時候企業可以忽視他們，他們自然會努力，更何況在淡季和回升期企業基本已經搞定了各管道成員。而消費者的選擇餘地很大，鎖定消費者做促銷將給企業帶來直接的銷售額。值得注意的是：旺季促銷將直接為企業帶來銷量大幅度提升，

而且這是產品和消費者進行廣泛、直接交流的時候，也更能培養消費者的忠誠度。因此，當市場進入高峰期時，企業應當重點鎖定消費者。

在市場高峰期，消費者對產品功能、品牌個性已經完全認可，對產品消費因素中的理性因素在減弱，感性因素在加強，消費者更加關注的是消費產品所帶來的感受。比如有沒有更加溫馨的服務、能不能更顯身份等。這時，企業促銷的目的是要加強消費者對產品的依賴和對品牌的忠誠，既能迅速擴大市場佔有率，延長產品的生命週期，又可樹立品牌形象，為企業更多的新產品上市打下堅實的基礎。

值得說明的是面對鋪貨阻力，企業也可以在選擇鋪貨的時機上避開競爭。多數產品的銷售都有淡旺季之分，當大多數企業選擇旺季進行鋪貨時，你就可以反其道而行之，選擇淡季進行鋪貨，從而避開旺季激烈的競爭。對於酒類這種特殊消費品，就應採用淡季鋪貨。這主要是因為淡季競爭不是很激烈，各品牌在促銷、廣告等方面都沒有大動作，同時淡季進入市場，讓各通路成員和消費者都有一個初步印象，為旺季熱銷做鋪墊。如果在旺季才開始鋪貨，待鋪貨完成時已進入淡季，會錯過旺銷的高峰期，同時競爭的激烈程度進一步加強，很有可能被碰得「頭破血流」。

第六章
針對大賣場的鋪貨促銷

　　零售賣場是廠家產品與消費者直接面對面的場所，是產品從廠家到達消費者手中的最重要一環，因此零售賣場對企業成功快速鋪貨至關重要。擁有最佳銷售機會的大賣場，是最重要的分銷管道，掌握大賣場對鋪貨意義重大。

1 大賣場的鋪貨

　　零售終端是廠家的產品與消費者直接面對面的場所，是產品從廠家到達消費者手中的最重要一環。因此零售終端對於企業成功快速鋪貨來說至關重要。

　　零售業的全面開放加劇了競爭，零售終端的整合必將朝著連鎖形式的超級賣場趨勢發展。對於努力鋪貨上量的企業、經銷商，以及業務人員來說，這是極有吸引力的一件事。但是連鎖企業的管理觀念先進、操作模式規範、工作流程複雜、人員素質較高，與原來

傳統賣場的操作大相徑庭，這對企業與經銷商的工作提出了更高的要求。在這個終端為王的商業社會中，如何做好賣場終端特別是連鎖大賣場終端的鋪貨是企業非常關心的一大問題。

零售市場擁有巨大的生意潛力，而大賣場是最重要的分銷管道。有些大型超市已經在承擔著零售兼批發的職能。有的學者認為，從長遠來看，批發有萎縮的趨勢，大賣場將成為管道之王，主導生產企業的命運，但同時對企業也有更大的市場潛力和機會。

企業鋪貨通常透過以下幾種管道成員：

1. 批發商

由於客戶間存在激烈的競爭，貨源充足時平均利潤已降至 0.5% 以下，部份惡性競爭及作其他戰略考慮的批發商，甚至出現負利潤，所以批發商的發展空間越來越小。

2. 小型零售商

由於總體生意量較小，而人工、設備等投入較多，所以贏利較少。

3. 大賣場

較大的生意量及較穩定的利潤，能保證分攤費用以及可靠的利益，通常佔客戶總體利潤的 50%。

大賣場是企業建立品牌形象的有利場所。在這裏，企業可以通過貨架、掛牌等銷售工具進行良好的店內形象展示，這不僅是一種強有力的宣傳，還是一種極有價值的促銷手段，對於建立品牌的知名度、增加產品適用機會，有很大的益處。

企業鋪貨的管道成員

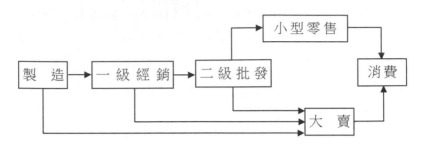

一、大賣場如何引進和管理商品

　　廠家應當瞭解賣場內部是如何進行商品的引進與管理的，熟悉其中的規律，知己知彼，有助於其與賣場的採購人員進行溝通談判。

　　賣場通常要求廠家提供的商品是最新的、最能滿足顧客需要的、最有時效的、最有消費價值的，也就是消費者最樂意購買的。這種商品才是有價值的商品，它決定了賣場和廠家的經營狀況及利潤。

　　賣場為了保證引進的商品能夠為其帶來最多的毛利，常常需要引進新商品，淘汰流轉率較低的舊商品。其中賣場要考慮的因素有以下幾點：

　　1. 顧客需求

　　只有滿足顧客需求的商品才能鋪進賣場。

　　2. 商品組織表

　　所謂商品組織表是依顧客需求而設定的精細化的商品分類結構，什麼需求、需要什麼單品、容量多少，都有嚴格的規定，必須在商品組織表的指導下選擇單品，才能保證整個賣場合理的商品結

構。因此，企業在向某個連鎖賣場鋪貨時，應瞭解其商品組織表的相關內容，以確定自己的產品是否名列表中，以增加成功的幾率。

3.價格帶

所謂價格帶就是某一分類商品從最高到最低價格之間的高、中、低價位差異及不同價位的單品容量。劃分價格帶的目的是使不同購買能力的消費者都能買到中意的商品。

4.市場調查資料和談判記錄

賣場採購只有通過準確而全面的市場調查來瞭解最新的市場走向和顧客需求後，才能正確地選擇商品。

5.陳列面積

不同的賣場有不同的面積，能容納不同數量的商品。賣場在引進和調換商品時會考慮到店面容量，既要保證品項齊全又要保證陳列合理，大店多進，小店少進。

二、要緊抓大賣場的心理

一個新的品牌投放市場要想取得較高的銷量，必須充分考慮諸多因素，如品牌形象、包裝、價格、市場鋪貨率等，其中市場鋪貨率起著至關重要的作用。在做鋪貨工作時，有些業務員往往只是對本企業的產品瞭解比較詳細，但對市場和零售商心理瞭解不夠，這是造成市場鋪貨率較低的重要因素。那麼，業務人員應該如何根據零售商心理特點，提高產品的鋪貨率呢？

利用零售商渴望理解和尊重的心理特點，通過充分交流，努力營造利於鋪貨的氣氛。例如，若區域內零售商平均年齡 38 歲左右，文化水準較低，大多上有老，下有小，求利心切，信息閉塞，則業

務人員在推銷產品的過程中應對零售商表現出尊重與關心，通過瞭解他們的心理需求，增加感情交流，以向他們提供商品信息、行銷技巧等，迅速拉近與零售商之間的心理距離，製造有利於產品鋪貨的和諧氣氛。

利用零售商對銷售公司訪銷員較為信任的特點，充分激起訪銷人員主動鋪貨的積極性。

利用零售商喜好促銷品的特點，進行鋪貨促銷。在新產品鋪貨過程中，零售商往往因為某一促銷品的吸引而進貨或增加進貨量。攜帶能夠吸引人的較為新穎、實用並能夠迅速銷售的禮品進行促銷，能起到提高鋪貨率的效果。促銷品要根據 A、B、C 類零售商的銷售能力和當時的進貨量靈活搭配。

利用零售商的從眾心理進行鋪貨。可將鋪貨記錄的戶數、條數進行適當的改動，然後給零售商觀看，刺激他們的購貨慾望。這種方法較適合中低檔煙的銷售，要根據零售商的規模大小和捲煙價格的高低靈活運用。

利用零售商愛面子的特點進行鋪貨。在已經運用前幾個方法無效的情況下可以暫時放棄該零售商，先對其週圍零售商進行鋪貨，然後再次對其進行推銷，此時可以適當加大促銷力度，減少購進數量等方式進行二次推銷，促其進貨。90%的零售商能夠在第二次推銷中購進產品。

一般的業務人員在推銷過程中，往往用一種簡單的推銷模式，被拒絕後就轉向下一家；而對一個優秀的業務人員來說，這只是推銷的開始。在實際工作中，業務員應進一步靈活運用以上幾種方法，根據零售商的心理進行鋪貨，對提高商品鋪貨率、增加銷量能獲得事半功倍的效果。

三、大賣場鋪貨要處理的關係

對企業來說，大賣場是至關重要的終端，必須處理好大賣場鋪貨作業的諸多關係。

1. 處理好「網點數量」與「網點品質」的關係

儘管鋪貨率非常重要，但也要注意處理好「網點數量」與「網點品質」的關係。如果盲目過分地追求鋪貨率，那麼就會加大銷售成本，既造成資源浪費，又影響了 A、B 類重點終端的集中投資力度。什麼樣的產品進入什麼樣的店，要根據產品檔次、性質來選擇合適的零售終端鋪貨，而不必強求「全面開花」。出貨率同鋪貨率一樣重要。有的企業雖然鋪貨率很高，但鋪貨網點的銷售業績卻並不理想，鋪貨網點的出貨率並不高。除把鋪貨率作為重要考核指標外，各網點的出貨率也應是一個重要的考核指標，網點出貨率同鋪貨率一樣重要。一些企業為了提高出貨率，在鋪貨時，採取「抓大放小」的策略，即抓住銷量大的網點，把主要資源投放其中，而把小的網點放在次要位置，這樣，提高了鋪貨率，也提高了出貨率，兩者同步增長。確實，在鋪貨網點的開發上，要正確處理好網點數量與網點品質的關係，不但要重視網點的數量，還要重視網點的品質，要樹立「網點品質比數量更重要」的觀念。鋪貨率雖然是網路開發中的重要指標，但不是唯一指標。鋪貨率太低不利於銷售，但也不是越多越好。有的企業雖然鋪貨率很高，但網點的銷售業績及廠商合作關係卻不理想，造成資源浪費。因此，一定要注重網點建設的品質，不能只片面要求終端鋪貨網點的數量，而應更加重視鋪貨網點的運行品質和效率。所選的鋪貨網點要做一個活一個，如此才能培育市

場、保持市場可持續發展。

2.處理好「前期鋪貨」與「後期管理」的關係

許多代理商只一味強調「前期鋪貨」,而不重視鋪貨的「後期管理」,以為把產品鋪出就萬事大吉了。實際上鋪貨並不等於產品就賣出去了,只有能將產品及時賣給消費者並形成良性循環的售點才是有效的鋪貨網點。所以,代理商不但要重視前期鋪貨,更要重視鋪貨的後期管理。

⑴鋪貨率不等於上架率

產品雖送到了零售終端,有時卻在貨架上找不到產品,零售商將產品存放在倉庫裏,或是放在貨架下面看不見的地方,這只是實現了倉庫轉移,沒有達到應有的效果。因此,在強調鋪貨數量的同時,還要抓好鋪貨跟蹤服務,緊抓產品上架率,並且要儘量搶佔貨架的最佳陳列位置。一般潤滑油產品的零售點自己本身備有的貨架不會很多,需要代理商贈送他們貨架或者產品展示架來協助自己的產品在零售終端展示。這就是為什麼潤滑油產品的客戶都需要贈送貨架,而日常消費品則沒有這個要求的原因。

⑵日常理貨同鋪貨一樣重要

理貨工作同鋪貨一樣重要,也需常抓不懈。由於零售店內每類產品都有多個品牌的產品,零售商很難關照到每一個產品,因而需要我們主動出擊。業務員在售點定時的日常鋪貨和拜訪過程中,應加強產品的理貨工作。而當前業務員的通病是將產品放在店裏打了欠條就走,如果店主將產品整箱放在倉庫或角落裏,消費者根本就看不到產品,也無法實現銷售。

在具體操作中,應時刻注意爭取最佳的陳列位置,保持產品清潔無缺陷,讓產品始終以誘人的魅力展現在消費者面前;產品儘量

與同類暢銷產品集中擺放，擴大產品的陳列面，且使產品儘量擺在最佳視覺位置，或者使用廠商統一的陳列架陳列。為了爭取更好的產品展示效果，往往代理商會協助零售商裝修整個店面或者是店面的某一個角落，作為自己產品的展示地盤。大品牌的連鎖專賣點主要採取這個方式。

四、大賣場鋪貨的注意事項

新產品能不能在市場上站得住腳，關鍵在於你的推廣方法及維護能力。

首先要確定產品推廣是一個漫長的連續的過程，並不是在市場中鋪一次貨就坐收漁利那麼簡單。

1. 鋪貨前應做好充分準備，包括促銷品、POP、交通工具、人員以及制訂對業務員的激勵機制等。

2. 鋪貨時間的選擇也很重要。一般應選擇在旺季來臨之前。

3. 首次鋪貨不能要求數量，而要追求鋪貨率。促銷政策的制定，門檻不能設得太高，要讓對方很容易就能接受。對業務員的獎勵不能設為賣多少件獎多少錢，而應設為只要能成交一家就獎勵多少錢。這樣一來產品的鋪貨率自然就會增加。

4. 鋪一輪是絕對不行的。要每間隔一段時間，就全面地鋪一輪貨，只有經過六、七輪的鋪貨，產品才有可能在市場上形成自然銷售。

5. 業務員鋪貨要遵循一個原則，那就是「每店必進，每進必理」。也就是說鋪貨一定要細，縱，縱到底；橫，橫到邊；並且每進一家，一定要為客戶整理貨架，擺好陳列。

2 向連鎖賣場打交道的方法

一、與連鎖賣場的洽談

洽談階段是雙方的衝突多發階段，雙方會因為立場和經營方式不同而產生許多矛盾，只要有意願合作，最終都會找到雙方均可接受的操作方式。

企業與連鎖賣場的洽談包括以下幾個步驟：

1. 初步接觸

企業應首先瞭解、熟悉連鎖賣場的相關工作人員，並給他們留下良好的印象，這將有益於下一步工作的開展。這一步的主要工作包括以下幾個方面：

(1)根據調查的情況準備談判資料；

(2)預約，確定約見的時間、地點；

(3)準備產品資料、證件、樣品和報價單等。

2. 進行談判

企業進行談判的過程中，一定要按時赴約，這一點在談判初期非常重要。同時要表明自己希望合作的誠意，耐心、細緻、多聽，創建良好的談判氣氛。

這一步的主要工作包括以下幾個方面：

(1)事先瞭解該連鎖賣場的合約條件，包括賬期、費用、扣點等；

(2)把握第一次談判的重點，不要急於表態，初次談判的重點是留下好印象，樹立信心，把握談判的時間和進度，掌握主動權，避

免一開始就把自己的策略和底牌暴露給對方；

(3)根據行業和賣場的需求點、同行競爭商品和自身的優勢與劣勢，確定談判的著眼點和突破口；

(4)瞭解負責和自己談判的採購人員在該連鎖賣場的個性特徵、工作風格、目前的工作困難，從而確定自己的談判方式和目標；

(5)循序漸進，耐心仔細，合約不可能一次談好。要根據實際隨時調整目標和策略，不斷修正談判條件；有可能需要兩次甚至更多次的談判才有可能達成合約意願；

(6)簽訂合約。

二、合約條款的簽訂

企業要將產品鋪進連鎖賣場，需要和連鎖賣場簽訂相關協議。

一般來說合約條款主要包含產品的品種與規格、供價、回款、送貨服務、殘品處理、促銷支援等。合約條款的制訂一方面要參照商店實際情況，另一方面要參照企業對分銷商的政策來確定整體供價體系。在這些條款中，連鎖賣場專屬特點有：嚴格的單一經銷商供貨政策，品牌進店收費標準，對分銷、貨架、助銷、價格各項的要求。

1. 嚴格的單一分銷商供貨政策

對於某一區域大店，同一城市可能有兩個或兩個以上的經銷商在對其進行分銷覆蓋。而雙重或多重覆蓋，有利有弊。

(1)由於多重覆蓋，使分銷商在零售管理上更加追求短期利益，對分銷、貨架、助銷、價格這些需要投入大量資源進行管理的事務沒有興趣，長此下來，對企業的發展會產生不利的影響。

⑵重複覆蓋浪費了寶貴的人力資源，使銷售費用增加，分銷效率降低。如此，從長遠來看要儘量避免多重覆蓋情況。製造商須嚴格執行單一分銷商供貨政策，即將產品分給某一個具體分銷商進行分銷覆蓋，其他分銷商不得介入；同時明確該分銷大店管理責任及考核標準。

2.品牌進店收費標準

因為大賣場的連鎖化、大型化與店內貨架資源的有限性，造成了零售實力的強勢地位，並開始帶給廠商鋪貨上的壓力，強勢的賣場對廠商都設定了一些品牌進店收費標準，即產品要進入賣場銷售，必須交納一定數額的進店費。而且目前這種產品進店的門檻有越來越高的趨勢，這對那些產品知名度不高、企業推廣費用有限的中小企業來說，產品要分銷到大賣場會遇到很大的阻力。

大賣場對產品進店收費的名目大致如下：進場費、上架費、陳列費、配貨費、品質保證金（日後清場時可全額退還）、條碼費、導購人員管理費、新品上櫃費、節慶費、店慶費、新店開辦費、商場海報費、商場促銷堆頭費。

雖然大賣場對供應商都要收取進店費，但對於不同情況收費標準是不同的。比如：產品品牌影響力不同，收費的標準不同；產品性質不同，收取的費用不同；不同經營規模的大賣場向同一個產品供應商的同一個產品收取的進店費用不同。

3.對分銷、貨架、助銷、價格各項的要求

與大賣場簽訂協定的供方對產品在大賣場裏的分銷、貨架、助銷、價格的各項要求，有利於分銷商提高銷量和利潤、提高品牌知名度、提高產品市場佔有率及明晰大賣場對該產品的銷售管理方法並進行有效控制。

現在，快速消費品大賣場管理由以前的粗放式經營發展成為精細化管理，供方與大賣場的協議中一定要明確以上合約條款。

三、建立客戶拜訪制度

當企業與連鎖賣場簽訂銷售合約後，主要工作是對已確定的操作方式加以鞏固、維護，對不足的地方加以補充、完善。因此，企業要與連鎖賣場及時進行良好的溝通，並投入大量的促銷費用，以鞏固與連鎖賣場的合作關係。

1. 建立客戶拜訪制度的必要性

合作正常化後，廠家的業務人員對連鎖賣場的定期拜訪是不可缺少的重要環節。要瞭解企業產品的銷售情況、庫存情況、分銷、貨架、助銷、定價，業務代表只有堅持定期拜訪、親身調查，才能及時瞭解以上各方面的信息。另外，業務代表在定期拜訪的過程中，可以幫助賣場解決問題，為賣場提供良好的服務，從而與賣場建立一種積極的合作關係，增強客戶對企業服務的滿意度和信任度。

定期拜訪賣場客戶，保持與採購人員的密切交往和良好溝通，是持續合作最重要的推動力，也是供應商要大力做好的工作。此外，企業在不斷加強促銷力度的同時，還要爭取連鎖賣場合理的投入與支援，並根據連鎖賣場的作業流程和要求設定自己的經營計畫。

2. 業務人員拜訪連鎖賣場的信息需求

業務人員在對連鎖賣場進行拜訪時應瞭解以下信息：

(1)客戶組織結構與人員調整情況；

(2)商店內部策略的調整情況；

(3)商店年度、季、月份銷售利潤指標；

(4)銷量：商店總銷量、本公司產品銷量、主要競爭對手產品銷量；

(5)利潤及毛利率：商店總利潤、主要競爭對手毛利率(加價率)；

(6)庫存情況：庫存週期、庫存結構、各主要競爭品牌的庫存情況、庫房面積；

(7)商店資信方面的新動向；

(8)競爭對手的促銷活動狀況：促銷品種、方案、投放量、投放時間、投放週期；促銷費、陳列費情況；賣場的態度及配合情況。

3.賣場拜訪的主要內容

(1)訪問前的準備工作內容

在拜訪前，業務人員首先要確定當日訪問的銷量、分銷、助銷及促銷目標，並根據拜訪的目的處理相關事務，如促銷費、發票、庫存情況、賣場的存補貨記錄報告、相應的庫存控制目標等。業務人員還應準備好每日訪問報告、助銷材料(根據當日訪問目標準備相應的數量與規格)及相關銷售工具(筆、計算器等)。

業務人員應提前向客戶進行電話預約。

(2)訪問中的工作內容

①商店檢查。檢查前，先向大店有關人員問好，並約定銷售介紹時間。檢查商店分銷、庫存情況，對於脫銷產品的規格要適度調整庫存控制目標。檢查商店助銷、促銷狀態。檢查競爭對手活動狀況。

②介紹賣進新產品及促銷計畫等。運用說服性推銷模式。運用科學庫存管理概念，就訂貨數量與商店達成一致。就商店檢查所發現的助銷機會，與商店達成改善計畫。

③收款。向商店按時收回到期應付款。

④助銷。調整貨架位置和空間以達到零售標準；設置貨架外陳列以達到促銷目標；放置助銷材料到所要求的位置。

⑤記錄與報告。當場準確完成商店存補貨記錄各個項目的填寫工作。

⑥訪問分析。對照訪問目標，檢查完成情況；分析差距產生原因，找出改進方法並確定下一步行動方案；通知商店下次拜訪時間並道別。

⑶訪問結束後的工作內容。

①將貨款與訂單遞交給財務人員。

②對照訪問前設定的訪問目標，總結回顧當日訪問情況，並填寫每日訪問報告。

③參照上一次訪問結果，結合本週工作重點，確定次日訪問的銷量、分銷、助銷及促銷目標。

4.拜訪客戶的頻率

拜訪頻率越高，企業與賣場的合作關係就會越好。但是高頻率的拜訪會浪費寶貴的人力資源，所以拜訪賣場關鍵是要有目的性。一般情況下，拜訪賣場的頻率是基於以下幾個因素決定的：產品的庫存週期、生意量大小、貨架週轉率、送貨服務水準、促銷活動頻率。合適的拜訪頻率衡量標準有：保持產品全分銷，沒有脫銷情況；貨架空間和產品市場佔有率是一致的；能夠及時解決客戶的問題。

5.確定合理的拜訪路線與每日拜訪家數

合理的拜訪路線指用最短的時間完成更多的拜訪，而不把更多的時間用在途中，或者用在等候客戶負責人上。因此，業務人員應當掌握商店負責人的作息規律，如上下班時間、休息時間、商店結賬時間，等等；瞭解自己區域的大小、交通道路狀況、交通工具狀

況、商店之間距離等。

　而每日拜訪家數可以根據當地交通狀況、區域大小、商店分佈、商店類型來確定。一般在交通堵塞、面積相對較大的區域，每日拜訪應不低於 6 家，其他正常的區域一般在 8～10 家。

四、企業與大賣場合作的策略

　大賣場極強的生命力和優勢，使許多企業日漸把目光轉移到超市行銷上面來，其競爭激烈程度也日漸白熱化。

1. 價格策略

　大多數去大賣場的消費者都是一般收入的普通居民，去超市選購商品的消費者就是圖個實惠，對商品的選擇決定性因素中，價格是最關鍵的；而高收入的消費者常是到專賣店選購或就近購買。所以產品價格如果定得比其他商場、飯店裏的還要貴，就不能吸引到消費者；價格要比其他地方的價格低，讓顧客真正有實惠感，才能引起連續性的消費。

2. 促銷策略

　多開展讓消費者感到額外實惠的促銷活動，刺激消費者購買慾望，在不加價的情況下，對購買者贈送實用性的小禮品，或與超市內其他日用品進行捆綁式銷售，如凡購指定品牌酒者可以免費選取場內任何一種指定價格的商品，或選購某種商品可以享受更加優惠的價格選購指定的啤酒產品。

3. 宣傳策略

　超市人流量大，目標群體集中，宣傳效果相對較好，所以現場宣傳工作做得如何，直接關係到產品的銷售效果。可以製作突出品

牌個性、圖文並茂、色彩明快、吸引力強的導購板，放於超市進口或店內合適的位置；在結算處可以印刷精美的折頁或手冊，供消費者選取；店內懸掛吊旗要醒目；在超市開業或重大節日，在超市門前佈置氣球彩帶或彩虹門，舉行小型的有文娛節目配合的展示活動；門頭燈箱廣告應製作精美圖，耐久性強。新上市品牌為配合超市的現場宣傳，電視廣告、報紙廣告也要適當配合；廣告內容不但要突出品牌個性，還要有更吸引人的地方，如憑所持報紙廣告或在限定的時間內到超市購買該產品可以得到額外的抽獎或贈品等。這種活動對超市也是一個宣傳，應取得超市方面的支持，共同舉辦活動；活動要以情取勝。

4.理貨策略

對每個超市都應有專門的理貨人員經常性地巡視，及時回饋市場信息，加強貨架管理，按照嚴格、統一的產品陳列要求，爭取超市營業人員的支援和配合，做好產品陳列。要注重陳列的層次和主次，在眾多的品牌中突出最佳的展示效果。如果企業實力強，超市出貨能力強，可以選派促銷員進駐超市，引導消費者選購；同時要與超市管理員、導購員搞好關係，增進感情，使其重視該種產品的銷售。

5.服務策略

業務人員和片區銷售主管應經常性地和超市經營者進行溝通和交流，聽取對方的意見和建議，改進工作，增進合作。在送貨服務、結算方式、價格、返利等方面盡可能地為對方提供更好的服務和條件。

五、向連鎖賣場鋪貨需注意的問題

廠商在向連鎖賣場進行新品鋪貨時，應注意以下幾個問題：

1. 向賣場提供完整的新品資料

廠商在向連鎖賣場進行新品鋪貨時應該提供的新品資料包括：報價單、新商品介紹、市場分析、推廣計畫等。資料越完整越能體現新商品的特性和優勢，使賣場採購人員用最短的時間接納新商品，對它產生完整而深刻的印象。同時，專業的推廣計畫也能使採購人員對引進後的銷售業績和收益有個大體的預估值。

2. 派出高素質的業務人員

企業在向連鎖賣場進行新品鋪貨時，派出的業務人員一定要以專業形象出現，要能清楚而生動地闡述所有有關新品的問題，迅速向賣場採購人員傳達準確的產品信息。如果廠商的業務人員自己都搞不清新商品的優勢和賣點，那將對新品申報形成人為的阻力，而人的因素尤其會引起賣場的注意。

3. 及時跟進

新品鋪貨是一個連續的過程，只是送份資料，談兩次、打幾個電話是不夠的。要讓採購人員在每天的繁忙工作中關注到企業的產品鋪貨，廠家應當派專人持續跟進新品申報工作，既要瞭解在該賣場的進度，也要向採購人員不斷傳遞競爭店的信息，特別是有利的信息，最好是數據化的，目的就是讓採購人員有壓力，有損失業績、損失利潤的緊迫感。

3 大賣場的鋪貨費用

一、進入大賣場的費用障礙

　　A 經理是某食品企業的銷售經理，負責開拓新市場。在大賣場和連鎖超市銷售比率已經佔據了城市零售市場的半壁江山，新品牌或知名度一般的老品牌要想進入這些賣場必須支付高額的進場費用。兩年來，A 經理一直在與這些大賣場談判，卻總是沒能談進去，因為大賣場有很多讓供應商難以接受的進場費用和苛刻條件，簽進場合約就像是簽「賣身契」。

　　某知名超市報給 A 經理的進店收費標準為：

　　1. 諮詢服務費：2002 年是全年含稅進貨金額的 1%，分別於 6 月、9 月和 12 月份結賬時扣除；

　　2. 無條件扣款：第一年扣掉貨款數的 4.5%，第二年扣掉貨款數的 2.4%；

　　3. 無條件折扣：全年含稅進貨全額的 3.5%，每月從貨款中扣除；

　　4. 有條件折扣：全年含稅總進貨額 370 萬元時，扣全年含稅進貨金額的 0.5%；全年含稅進貨金額 100 萬元時，扣全年含稅進貨金額的 1%；

　　5. 配貨費：每店提取 3%；

　　6. 進場費：每店收 15 萬元，新品交付時繳納；

　　7. 條碼費：每個品種收費 1000 元；

8. 新品上櫃費：每店收取 1500 元；

9. 節慶費：1000 元/店次，分元旦、春節、五一、中秋和聖誕共 5 次；

10. 店慶費：1500 元/店次，分國際店慶、中華店慶兩次；

11. 商場海報費：2500 元/店次，每年至少一次；

12. 商場促銷堆頭費：1500 元/店次，每年三次；

13. 全國推薦產品服務費：含稅進貨金額的 1%，每月賬扣；

14. 老店翻新費：7500 元/店，由店鋪所在地供應商承擔；

15. 新店開辦費：2 萬元/店，由新開店鋪所在地供應商承擔；

16. 違約金：各店只能按合約規定銷售 1 個產品，合約外增加或調換一個單品，終止合約並罰款 5000 元。以上所列金額全部都是無稅賬，供應商還需要替超市為這些費用繳納增值稅。

A 經理算了一下進入這些大賣場的費用，一年各項費用加起來要交 30 多萬元，而到底一年能有多少銷量，A 經理心裏沒有一點底。由於擔心進入大賣場費用太高而發生嚴重虧損，甚至被「末位淘汰」，所以產品遲遲沒有進場。

鋪貨能力的高低很大程度上決定了一個公司銷售實力的大小。鋪貨能力取決於鋪貨工具和鋪貨人員的多少及其溝通水準，但是鋪貨費用支出比較大，我們不能因為強調鋪貨，就陷入鋪貨費用的陷阱，一定要嚴格控制。

以大賣場而言，超市對供應商來說非常重要，但進入超市的門檻越來越高，超市進場費居高不下，供應商往往被超市名目繁多的「進場費」、「促銷費」和「堆頭費」等弄得望洋興嘆。超市具體有什麼費用？不說不知道，一說嚇一跳。

1. 進門費用

進店有開戶費，也稱進場費或進店費，是供應商的產品進入超市前一次性支付給超市或在今後的銷售貨款中由超市扣除的費用。隨著市場競爭的日趨激烈，產品進入超市的門檻也越來越高，尤其是大賣場，由於其規模較大、影響力較強，對新品種(新產品)都要收取進場費用，並且收取的費用越來越高。

假如你選了一個經銷商，代理了幾個超市的銷售，那這個經銷商可別輕易換。因為一旦換了，就有了過戶費，也可能要重交開戶費。超市說，「合約我是跟這家經銷商簽的，你換了另外一個經銷商，在我們的超市裏你就要加過戶費。」如果這家經銷商沒有跟這家超市打過交道，就要加開戶費了。

2. 進門後費用

進了門之後，費用就更多了：解碼費、諮詢服務費、無條件扣款、配貨費、人員管理費、服裝押金、工卡費、押金、場地費、海報書寫費等。這些是有名目的，還有臨時的，比如有些超市一看上半年的利潤指標完成不了，就說要裝修，這一裝修就出來裝修費了。還有店慶費，有的超市一年居然能收兩次店慶費。

3. 罰款

動不動就罰款是超市的拿手好戲。現在超市是上帝，超市對經銷商和生產商都是管理者的姿態。如果沒有跟超市打過交道的人，任你再聰明，也想不出那麼多的罰款理由。條碼重合、產品品質有問題、斷貨、斷促銷品、價格經過調查不是本市的最低價格、促銷人員沒有穿工服、促銷人員違反超市規定等，算下來有 30 多個理由。有了理由就有了處罰手段：單方面停款、單方面扣款、單方面促銷、降臺面、下架、鎖碼、解碼、真返場、假返場、清場，等等。

4.合約陷阱

超市合約也有陷阱。比如說超市報含稅價和未稅價，一般超市報的都是含稅價。突然讓報未稅價是什麼道理？9 角錢一包的面，未稅價是 7 角多。但是到超市之後，他是四捨五不入，一個速食麵企業在超市裏產品銷量不是小數目，這個四捨五不入加起來就相當厲害了。超市還會收一個鋪底費，一般是 10 萬元錢。鋪底是什麼意思？其實不是鋪底，實質上就是進店費。為什麼這麼說？我們想想，這個鋪底費什麼時候能要回來？只有等你退店的時候才能要回來，但是退店的時候超市會找出各種各樣的理由扣你的款。所以其實鋪底費就是進店費的變相增加。還有結賬期，超市一般會說 30 天賬期，但其實一般都要等到 60 天到 90 天，如果括弧裏註明按遞票期計算 30 天，那就更壞了，可能要到 90 天之外了。

二、超市採購目的就是「榨乾」

超市費用有一些是無理的，有一些是可以想到的。超市以管理者的姿態對待廠家，是因為超市面臨更多的選擇權，廠家處於弱勢的狀態，能夠選擇的就是如何面對。

業務人員在跟超市談判的時候往往會遇到這樣的情況：超市採購見到你，一般會這樣說：你那個廠的？我現在只有兩分鐘的時間，進店費是兩萬元，能談的進來，不能談的就出去。事實上，超市採購不是不想讓你的產品進店，而且超市的費用也不是不能談。沒有任何一個超市採購不願意進新品的。超市採購之所以說這樣的話，是給你一個心理上的壓力，一個姿態。這是他們的「招牌菜」。

超市採購常常會跟企業說，你別跟我說多少錢了，我也不想難

為你，我只是想要一個合理的價格。假設你是康師傅的代理商，他是家樂福的採購，那麼他會這樣跟你說：你給另外一個超市的條件我都知道，你必須給我們一樣的優惠條件。現在大家都是互相通氣的，我很清楚你給別人的是什麼價錢，現在就是看你的態度，讓我們說出來就沒意思了，需要你們自己「主動交待」。

當超市採購說這些話時，是不是真的像他所言，只想要一個合理的價格？只想跟別的超市一樣？不是。其實他並不知道你的最低價是多少。他的目的只有兩個字：榨乾！所以一見到超市的採購，就表示我有可能被榨乾了。

三、應對超市進場費

面對越來越高的超市門檻，供應商該如何應對進場費呢？

1.通過有實力的經銷商捆綁進場分攤費用

大賣場對新供應商一般都要收取開戶費，比如開戶費為 8 萬元，因為開戶費是按戶頭來收的，你進一個品種要收這麼多錢，進 10 個品種也是收這麼多錢，所以，對於供應商來說，進場的品種越多則分攤到每個品種的開戶費就越少。

有些中小企業如果是自己直接進場，面對高昂的開戶費就很不划算，這時可以找一個已經在大賣場開了戶的經銷商來「捆綁」進場，這樣就至少可以免掉開戶費，有的還可以免掉節慶費、店慶費和返點等固定費用。經銷商也很願意，畢竟又多了一個產品來分擔各種費用。

2.選擇連鎖超市做經銷商

在進入超市有困難時，如果考慮將連鎖超市提升為經銷商，供

應商往往不用交高額的進場費和終端其他費用。因為供應商給其享
受各種優惠政策，包括最優惠的價格，最大的促銷支持等，連鎖超
市做該區域的經銷商後，會用心去經營該產品，優先推廣該產品，
迅速將產品輻射到各分店所在的區域，這樣就實現了供應商和連鎖
超市的「雙贏」。

A 牌麥片進入成都市場時，就是把擁有 100 多家分店的連
鎖超市當做經銷商來運作的。A 牌麥片和連鎖超市簽訂協議，
每年完成幾千萬元的銷售額，把市場推廣工作全部交給連鎖超
市來運作。

連鎖超市全力主推 A 牌麥片，把最好的陳列位置讓給 A 牌
麥片，沒有賣出的售點廣告位也全部換成 A 牌麥片廣告，這樣
就充分利用了超市的終端資源。

A 牌麥片依靠連鎖超市做經銷商，輻射到週邊市場，在沒
有支付任何進場費的情況下就成功佔領了整個市場，取得了可
喜業績。

3.通過廠商聯合會捆綁進場

尋找多個廠家或同其他供應商聯合，通過加入當地的工商聯合
會進場。這樣既可減少進場費用，又可減少進場的阻力。如酒類廠
家可以和當地零售協會、酒類專賣局成立相關聯盟組織，解決酒類
廠家與超市的衝突，維護供應商的利益。

2013 年 12 月，成立了以代理商為基礎的代理商聯合會，
目前已有會員單位 300 餘家，超市 60%的供貨由該協會會員單
位提供。

每當有新超市開業，協會所屬的供應商不去直接談供貨事
宜，而是由協會先去溝通、談判，以協會名義與超市方簽訂大

合約。在大合約裏，確定了每年零售商家向供應商收費的標準，解決了超市亂收費問題。聯合會還要求零售商家跟供應商每隔一段時間要進行對賬，以杜絕零售商在財務上侵蝕供應商利潤的現象。這種大合約以聯合會的身份出現，代表若干會員的共同利益，為供應商爭取到了很多由單個供應商不可能爭取到的權利。大合約簽訂後，協會所有會員單位均享受同樣待遇。在大合約的框架下，各供應商再與超市談判簽訂具體的買賣合約。

4. 掌握談判策略，減少進場費用

(1)用產品抵進場費。供應商在和超市談判進場時，要盡量採取用產品抵進場費的方法，不僅變相降低了進場費用（產品有毛利），而且也減少了現金的支出。

某連鎖超市決定對所有品牌（包括已進場的品牌）加收進場費。B品牌食品有十幾個品種，如果進入所有門店，要交上十萬元的費用。後來B品牌與該超市談判，統一支付這筆費用，但要求以產品來抵進場費，不支付一分錢現金，該超市答應了其要求。

B品牌談判時設了一個「埋伏」，只談定了以產品的供貨價來抵進場費，但沒有限定具體的品種。B品牌就把獲利高的產品給超市，來抵進場費，然後該連鎖超市對這些產品開展特價促銷（由超市和廠家共同承擔差價損失），超市提供免費的特殊陳列支援，迅速消化了庫存。

對於B品牌來說，抵進場費的品種本來就利潤較高，超市又承擔了抵進場費產品特價的部份差價，算下來B品牌實際支付的費用並不多。而如果B品牌一開始就直接要求少交進場費，那麼超市接受該條件的可能性就不大，將導致談判受阻。

205

⑵用終端支援來減免進場費。供應商和超市談判，可以提出用終端支援來減免進場費。常見的供應商宣傳支持有：買斷超市相關的設施和設備，如製作店招、營業員服裝、貨架、顧客存包櫃和顧客休息桌椅等（這些物品上可印上供應商的廣告）。

⑶儘量支付能直接帶來銷量增長的費用。首先要區分清楚那些是能直接帶來銷量增長的費用，那些不是。

①能直接帶來銷售增長的費用：堆頭費、DM 費、促銷費和售點廣告發佈費等；

②不能直接帶來銷量增長的費用：進場費、節慶費、店慶費、開業贊助費、物損費和條碼費等。

不能直接帶來銷量增長的費用，幾乎不會產生什麼效果。對供應商來說，買更多的堆頭陳列、買更多售點廣告位、安排進入更多促銷導購員和開展特價促銷，都能帶來明顯的銷售增長。

所以，供應商在談判時，儘量支付能直接帶來銷量增長的費用，減少支付不能直接帶來銷量增長的費用。

5.利用關係資源做好公關

供應商可以採用公關策略，以獲得進場費的最大優惠。超市採購產品時雖然對產品有業績考核指標，但產品能否進場還是和供應商的客情關係有一定的關聯。所以，廠家應整合客情關係資源，與超市採購人員多交流溝通，比如舉辦一些聯誼活動，培養和採購之間的感情。建立了良好的客情關係後，採購在收取供應商的進場費等各項費用方面往往會調低一些。

四、努力成為連鎖賣場的 A 級供應商

　　企業在選擇經銷商時，會按照一定的考慮因素將經銷商劃分為 A、B、C 三級。但當企業遇到強勢的連鎖賣場時，連鎖賣場也要對其按級別進行劃分。

　　根據「80/20」原則，20%的廠商為連鎖賣場貢獻了 80%的業績和利潤，自然就是賣場的 A 級供應商，也是賣場生存和發展的保障。對供應商的級別劃分將有助於實現賣場資源的最有效運用，將各種經營數據的組合調配至最適當，也能獲得最大化的利益組合。因此，賣場對供應商的級別劃分是非常重視的。

　　而企業也應當努力爭取成為連鎖賣場的 A 級供應商，這不僅僅是一個頭銜，更主要的是可以為企業鋪貨提供諸多有利條件。

1. 連鎖賣場劃分供應商級別的考慮因素

　　要想成為 A 級供應商，就必須清楚地瞭解賣場對供應商的劃分。通常，賣場會將供應商分為 A、B、C 三級，各自的比例為 20%、50%、30%。按其重要性程度排序，20%為 A 級供應商，50%為 B 級供應商，另外的 30%為 C 級供應商。

　　一般來講，在供應商的級別劃分上參考的因素有以下幾點：

　　⑴產品組合

　　產品組合包括產品的品牌性、銷售業績、產品銷售毛利或者是富有當地特色的特產類。比如，任何一個地區的 P 牌食用油的代理商都會是 A 級供應商，一方面是由其品牌影響力決定的，另一方面是擁有一級品牌的供應商都有不菲的資金實力，這一點也是賣場看中的。在任何時候，賣場都會歡迎最好的商品和最有實力的合作商，

因為最好的商品有最大的量、最大化的銷售利潤，而最有實力的供應商通常都掌握著最好的商品。

(2) 利潤貢獻

賣場的生存目的是賺錢，因此供應商的利潤貢獻能力是其非常看重的因素。利潤貢獻不僅包括銷售毛利，還包括費用投入、返利、促銷支持、合約條款等。

(3) 特殊指標

賣場還會根據一些地域或產品等特殊需求而設立特殊指標。現在國內的市場化、標準化管理還不健全、不透明，人情還威力甚大，特別是職能部門的裙帶公司，通常會享受不一樣的待遇。

2.連鎖賣場向 A 級供應商提供的支援

成為連鎖賣場的 A 級供應商後，賣場會將資源向 A 級供應商傾斜，這些支持包括如下幾個方面：

(1) 優先結賬

A 級供應商的商品創造了賣場大部份的業績和銷貨毛利，這一塊是賣場經營的基本保障；而結賬是供應商最在意的，所以賣場會優先保障 A 級供應商的貨款結算。企業只有優先得到賬款，才能儘快實現由商品向貨幣的驚險一跳。

(2) 優先新品申報鋪貨

每一天賣場都會接到許多新品申報的申請，尤其是快速消費品。在同等條件下，A 級供應商的新品批得快，自然也就能以最快的速度將新產品鋪進賣場的貨架。但如果是 B、C 級供應商，只有付出更高的新品促銷等相關費用，才能獲得同樣的鋪貨效果。

(3) 優先的促銷安排

在賣場裏面，30%的業績是促銷產品創造的。促銷形式包括 DM

海報、店內促銷、端架促銷、主題活動等。賣場會把大部份促銷機會安排給 A 級供應商，這樣會有利於企業的銷售上量，從而進一步拉動鋪貨。

⑷獲得黃金陳列區域

在賣場中，商品陳列的黃金區域是留給 A 級供應商的，這些陳列最優地段也是商家鋪貨的必爭之地。

⑸設置導購人員

一般情況下，賣場內的導購人員會有一定的人數限制，但對於 A 級供應商，賣場一般會在導購人員的名額和設置上給予更多照顧。對於專業性商品來說，有導購人員和沒促銷員的銷量差別是巨大的，他們的引導作用極為明顯，對鋪貨也會產生巨大影響。

賣場對重要供應商的支持還有很多方面，這個過程是一個良性循環，得到的支持越多，鋪貨自然又快又有效，A 級供應商的地位就更加鞏固，而越是 A 級供應商就越能得到支持。因此，企業應當努力壯大自己，爭取成為賣場的 A 級供應商。

心得欄

大賣場的鋪貨技巧

一、大賣場業務代表的工作職責

1.鋪貨

業務代表要將公司一定數量的品牌、種類、規格的產品庫存到賣場可以售出的地方，如櫃檯、貨架或倉庫等。鋪貨可以量化，如果一個賣場貨架上陳列的該品牌產品為 12 個，那麼該賣場的鋪貨量為 12。

2.助銷

獲得企業品牌的店內助銷。這種銷售促進是雙重性的，即通過促進本企業產品銷售的同時也幫助提高了賣場的銷售。店堂內的廣告畫、櫃檯 POP、掛旗、燈箱等都是常用的助銷手段。

3.貨架

推銷企業品牌的陳列方式。保持本企業產品在貨架上適當的位置和空間；整理陳列商品、調換不合格商品。

貨架拜訪的方式和貨架上本公司產品的陳列量將直接影響到產品的銷售，特別是在賣場，這種影響尤為明顯。幫助賣場進行科學的陳列也會增加零售商對品牌的銷售，而陳列量的增加將擠佔其他品牌產品的陳列量，因此這種方式又有相對的競爭性。

4.價格

經常檢查產品的零售價格，減少本企業產品在銷售價格方面的錯誤。

5. 客戶滲透

和零售商建立互動的夥伴關係。向其解釋公司政策是公平、誠實以及對雙方都是互利的；幫助客情溝通以方便催款；將賣場信息回饋回公司。

6. 人員管理

管理一線工作人員（臨時或專職導購人員）。

7. 高效運作

控制各項費用，以保證開支在預算之內。

8. 信息收集與表格填制

收集各類信息，認真、準確、及時完成各種表格與報告。

二、業務人員賣場鋪貨的技巧

進入鋪貨階段，鋪貨技巧尤為突出。有專家把這個過程總結為：一看，二說，三推廣，四整理。

1. 一看

首先看零售商的貨架。通常經銷商員工由於跟零售商比較熟悉，一般採取開門見山的方法，直接詢問。這裏就會存在很多問題：老闆很忙，就會說，還有貨；對於新產品，會說，下次再說。這樣會造成鋪貨的失敗。更嚴重的是會給員工造成一種錯覺，以為零售商確實有貨，下次碰到這種情況會很容易落下這個網點。需要指出的是，看零售商的貨架，包括：產品是否存在缺貨？產品品種是否豐富？新產品是否存在競爭產品？如果存在，價格如何？銷售怎麼樣？是否存在老日期或者過期產品？

2.二說

根據看貨架的情況,尋找與零售商交談的切入口。第一通過觀看貨架可以首先判斷該客戶是否為有效客戶,如果是有效客戶,可以介紹新產品,以及豐富產品品種。第二從流通產品入手交談。一般情況下,從流通產品跟客戶交流,對於新產品的推廣會變得很容易。總之,「說」不是直接跟客戶談新產品,而是要找一個合適的理由,創造一個適當的環境,為產品的推廣增加更多的幾率。

3.三推廣

通過與零售商的有效交談,適當地向客戶推廣新產品。為什麼要「適當」呢?做過終端鋪貨的同行都會明白,很多零售商對於新產品都存有戒備,特別是有些廠家在推廣新產品過後,對客戶的承諾沒有兌現,讓客戶感到上當。這樣的事情很多,久而久之,客戶肯定會對新產品存有戒備。所以,在新產品推廣過程中跟零售商要適當地介紹。

4.四整理

產品的排面整理,以及整理老日期產品或者過期產品。很多員工在推廣過後,都會拍屁股走人。無論新產品推廣成功與否,整理這個過程必不可少。這個過程應當說是很有好處的,首先整理屬於良好的售後服務,這對於廠家的形象和經銷商的競爭優勢,都有很好的增強;另外,對於下一次的新產品的推廣也埋下了好的伏筆。

三、對賣場業務代表的素質要求

賣場的競爭相對於小的零售點、批發商要激烈得多,競爭對手促銷活動層出不窮,所以對賣場業務代表素質要求相對較高。賣場

業務代表不僅要具有企業、產品、分銷、貨架、助銷、價格等基本知識，還需要有積極進取的工作態度、較強的客戶滲透能力、較強的溝通能力。

1.積極進取的工作態度

由於賣場貨架空間、庫存、收款等問題都比較突出，對賣場的管理工作需要不斷跟進；同時賣場內促銷活動日益增多，都使賣場業務代表在工作壓力下產生厭倦與懈怠的情緒。因此，賣場人員始終保持積極進取的工作態度是非常重要的。

2.較強的客戶滲透能力

賣場經理往往層次相對較高，有自己的主見。賣場業務代表要將本公司產品賣進大店，必須要有較強的客戶滲透能力。在實際操作上首先必須要對賣場情況相當瞭解，熟知市場競爭格局與產品知識，在賣場經理面前樹立起本產品專家的形象；其次要根據大店的特色有的放矢地制訂與實施一整套的客戶滲透計畫，才能影響大店經理，有力促進本企業產品的銷售。

3.較強的溝通能力

隨著快速消費品行業競爭的加劇，賣場與供方在地位上越來越強勢，客觀上使賣場業務代表在開展工作時會遇到各種各樣的阻力。這就要求賣場業務代表在與賣場的各工作人員溝通時有嫻熟的溝通技巧，說服其在工作上能給予有效配合，比如在貨架管理、獲取賣場相關信息上都需要得到大店人員的充分協作。

四、賣場業務代表的工作標準

1.制訂工作計畫

在每月 25 日前制訂下月工作目標和行動計畫,呈經營部經理審閱。制訂每日行動計畫,使工作具有目的性。

2.監督

根據每月工作計畫,安排各導購人員的行動和銷售回款計畫,並組織實施和督促回款。保證貨款 100%及時交回公司。

3.幫助賣場完成促銷工作

(1)產品陳列

①以購買陳列空間或專門貨櫃形式,專門陳列本企業產品,並維持其陳列。

②對已購陳列空間或貨櫃的賣場,進行陳列檢查。對不執行陳列協議的,應予以扣減其陳列費用。

③對未購陳列空間的應通過服務和親善關係(贈送小禮品等方式),勸其調整並維持本企業產品的陳列。

(2)派發宣傳品

①根據各商場的特點和宣傳品的適用性,將宣傳品派發至各店。

②監督各賣場宣傳品發佈工作,並進行檢查。

③宣傳品派發的宗旨是:覆蓋、覆蓋、再覆蓋。

④宣傳品派發標準:要求各店至少有一款以上的宣傳品出現在顧客第一視線中。

⑶組織銷售促進活動

根據銷售促進活動計畫，組織實施並進行監控。

⑷保證 24 小時內送貨到客戶

⑸市場信息收集

①收集各賣場銷售情況的信息。

②收集市場上顧客對企業產品的反映、購買動機等信息。

③根據各類信息尋求新的分銷機會。

④收集經營部要求的其他信息。

⑤完成企業規定的各類報表、報告。

⑹公共關係

親善與各賣場重點人物、關鍵人物的關係，以保持良好友誼，便於合作。

心得欄 ----------------------------

第七章
商品鋪貨的陳列工作

　　鋪貨的目的在於促進商品銷售，商品陳列空間、陳列面、陳列高度、陳列位置與陳列形態是決定陳列成功的六大要素。沒有陳列，就沒有銷量，為了吸引顧客的目光，產品能賣得好，應讓消費者想要的東西「容易看到」、「容易挑選」、「容易拿取」。

1 瞭解商品鋪貨陳列情形

　　「沒有陳列，就沒有銷量。」鋪貨的目的在於促進產品的銷售。在快速消費品的銷售巾，普遍存在這一現象：產品在促銷的帶動下，往往能夠很快地鋪市、上架，可一段時間後卻出現產品滯銷、商品下架的情況，很多廠家也很困惑，不得不加大促銷、實施二次鋪貨，但往往效果並不明顯。

　　為什麼在產品的銷售中會出現產品上架後賣不動的現象？面對終端賣不動甚至產品面臨下架的局面時，業務人員的第一反應是：

216

企業的產品在該店沒有競爭力，需寫申請向企業要政策、搞促銷，最後一招殺手鐧：做特價或直接降價。而產品賣不動的真正的深層原因卻乏人問津。

產品既然能夠上架，說明已解決了貨架空間的問題，而實現產品的真正購買，關鍵要解決的是消費者的心理。其實，產品不在貨架上而是在消費者的心裏。其中一個重要的原因就是終端的生動化展示不到位。例如，在某超市裏擺放的某品牌飲料竟然是一年前生產的，堆頭的箱子上也出現了黃斑，當問及導購人員時，他們的回答是有新生產的產品，那只是擺放需要。可以想像，這樣的產品陳列會給消費者什麼樣的感受，會防礙消費者購買。

商品的有效陳列有以下幾個標準：可見性；衝擊性；穩定性；誘人性。

應儘量將商品設置在顯眼的地點及高度。商品陳列要醒目，展示面要大，力求生動美觀，要把商品放在消費者能看得到的地方，同時還必須考慮商品的購買頻率，對於想要售出的商品，儘量選擇能引人注目的場所陳列。讓消費者看清楚商品並引起注意，然後對商品產生興趣，聯想購買該商品所能得到的利益，進而產生購買慾望，在與同類競爭產品作比較後，確定購買信心，決定購買。

某公司超級陳列計畫

項目負責人：××協作部門：A經營部、B經營部

(1)落實現有陳列狀況。

(2)根據回饋信息確定目標客戶名單和陳列計畫。

(3)對經營部下達陳列任務。

(4)經營部回饋信息、分公司相應調整計畫，確定費用額度。

(5)陳列基本完成，簽訂陳列協議。

(6)市場監理進行售點調查，拍照存檔。

(7)陳列費用到位(第一期)，以後每期陳列費用每月 20 日到位。

(8)第二輪抽查注意：經營部派專門市場代表追蹤陳列商場及產品銷量。

一、商品陳列

商品陳列就是指以陳列方法提升銷售量，通過一定的陳列原則和技巧，加強對消費者的訴求和增強消費者購買的促動性。

過去傳統式的雜貨鋪，已漸漸被自助服務式的便利商店所取代，從貨架上自由地選取商品至出口處結賬的購物方式，已逐漸為消費者所接受。因此，商品在貨架上是否更富有吸引力，更為生動，更容易被消費者看到並選取，可決定銷售狀況。所以，只要商品本身具有足夠的銷售力，再加上商品陳列的應用，便可加速商品的流轉，給店方和廠商帶來更大的利潤。

最常見的商品陳列設備是貨架。貨架是擺放在商店中，用來陳列和堆放商品以便消費者辨認、挑選、認購的商業設備。

通常，貨架分為背櫃和地櫃。背櫃通常較高，層數較多，可以用來陳列樣品和堆積實際銷售的產品。地櫃即我們常說的櫃檯，有較大的佔地面積但主要僅有上層可供實際陳列，可用空間較小，主要用來擺放體積較小或單價較高的商品。

不同購物場所使用的貨架形式有：超級市場的開價式貨架(背櫃)、大型商場中的大型貨架(背櫃/地櫃)、中小型商店的普通貨架

（背櫃／地櫃）、小型雜貨店中的貨架、門市批發網點的貨架、批發市場中的貨架。

二、商品陳列的作用

　　用於商品陳列的設備是一種寶貴的商業資源。在眾多商品中，單靠包裝來吸引顧客，其效果有限，而商品陳列可以吸引顧客的目光。

1. 商品陳列對零售商的意義

　　(1)良好的商品陳列能提升店內形象、增加客流量。商品陳列反映了一個商店的價值形象，易使消費者對商店產生信任，從而提高商店的知名度，增強該店的競爭力。進而導致客流量增加。因此，企業的導購人員應當注意保護陳列面和陳列空間，如產品的清潔與整齊碼放，使其正面迎客；而損壞品、過期品、滯銷品應及時更換。

　　此外，較佳的陳列位置與陳列高度，都能使消費者更容易看到及選取自己的產品，進而使他們成為該店的忠實消費者。

　　(2)強有力的商品擺放有利於消費者選購高單價的產品。一方面，人們對不同品牌產品的價格有一定的彈性接受範圍；另一方面，人們往往不願意承擔選擇高價位產品時的心理壓力。而良好得體的貨架管理工作會提升人們彈性接受範圍的上限，緩解其心理壓力。消費者在商店購物中選擇高價位產品的比例越大，商店的銷售利潤越大。

　　(3)出色的商品陳列能有效刺激消費者的衝動性購買，易導致產品的連帶銷售，增加消費者購物總量。出色的貨架陳列容易給人以秀色可餐的刺激，能提高人們對購買的關心程度，從而導致購物線

延長。除商品包裝本身可吸引消費者外，還可利用特殊的陳列方式或 POP 等，吸引消費者注目。用 POP 廣告可以吸引消費者的注意及興趣，而憑藉特殊的陳列擺設，則可以創造有利的賣場氣氛。

(4)商品陳列管理使訂貨和存貨更方便，可以防止脫銷，能避免因脫銷（或虛假脫銷）帶來的損失。據統計，零售業每年因脫銷造成的損失約佔銷售額的 8%，其中因義庫存而未陳列或雖然陳列了，但位置和擺放方式不對，致使消費者無法選購而造成的損失要佔到一半以上。齊全的陳列可以避免這一部份的損失。

(5)良好的商品陳列使消費者容易比較價格。良好的商品陳列使消費者易於分辨各品牌之間的價格差異及各商店的價位水準，明確價格是消費者實施購買行為的前提。

(6)良好的商品陳列容易確定品牌和規格，提高消費者購買效率，減輕導購人員的負擔。清晰而有秩序地陳列商品，不但是一個廣告，更是一份說明書，消費者通過貨架就可以明白產品系列有幾個品牌，每個品牌又有那些規格，這就減少了導購小姐的工作量，從而提高了效率。

2.商品陳列對企業的意義

商品陳列對於企業的意義表現在以下幾點：

(1)增加商品流動的機會。企業通過進行有效的商品陳列，可以獲取一個最佳陳列位置，充分利用空間，可以通過佔有更大空間、增加陳列面來陳列所有規格系列產品，並有效集中產品擺放位置。此外，有效的商品陳列可以減少缺貨、斷貨發生的可能性。

(2)在零售點固定的陳列空間裏，可使一種品牌的產品取得最大的銷售量和最大的廣告效果。大多數消費者的購買屬於衝動性購買。而在影響消費者購買傾向的因素中，貨架擺放的影響最大。有

測試表明，相同的產品在同一商場由於陳列的位置和陳列量不同，將會使該產品在商場的銷售上升或下降 20%～60%，所以供方可以通過把品牌擺放在貨架上的最佳位置來增加銷售機會，以完成銷售業績目標。同時，巨大的實體宣傳效果也強化了供方產品在店內的可看性、暴露度與品牌在消費者心目中的形象。

(3)增加企業的銷量和利潤，建立良好的通路關係。增加商品陳列的最終目的就是銷售，銷售量愈高，流轉愈快。有效的商品陳列可以加快商品流轉速度，增加銷售量。商品的陳列位置愈佳，顧客愈容易選取，其銷售量一定比其他產品高；商品的流轉愈快，店頭的利潤就愈多。商店增加了利潤，活化了賣場銷售；企業也提高了產品的市場佔有率。

有效的商品陳列，可以加速商品的流轉，而流轉快的商品，零售商必然樂意售賣。長此以往，企業與售點的關係自然其樂融融。

3.商品陳列對消費者的意義

(1)改善店頭環境，提高購買時的方便性。良好的商品陳列管理方便消費者尋找他們喜愛的品牌。

(2)提高商品情報，使消費者能充分理解進而購買。

三、商品陳列六大構成要素

商品陳列的目的是把商品賣掉，因此，為了能賣得好，應讓消費者想要的東西「容易看到」、「容易挑選」、「容易拿取」。所以商品項目、陳列空間、陳列面、陳列高度、陳列位置與陳列形態是決定陳列的六大要素。

1. 商品項目

在進行鋪貨陳列時，商品是最核心的要素，因為商品是所有陳列要素中唯一能為消費者提供價值的要素，也是消費者購買的最主要原因。進行商品陳列時，應著重考慮商品要素的以下幾個方面：

⑴ 商品的齊全性

消費者站在商品面前，就是在挑選商品，所以，在決定陳列什麼商品項目前，應先考慮消費者想要的品牌和規格，即商品的齊全性。因為即使將商品陳列得很美，如果不是消費者想要的商品，照樣無法獲得消費者的青睞。

⑵ 同一類別的商品集中陳列

與小規模分散式的陳列比較，同一類別的商品結合在一起陳列，不僅位置較為明顯，而且消費者較易找尋。一旦消費者知道其位置，下次再購買時，會直接走到固定位置找尋所需的產品。此外，結合性陳列可使消費者較快地作各類品牌、大小及價格的比較。

⑶ 把同一品牌的商品集中陳列

每一品牌產品的所有口味及包裝應集中陳列，這樣每一種商品均有展現的機會，且可借著各自擁有的特殊包裝設計來吸引購物者的注意。

對企業來說，同一品牌集中陳列，可以創造一個較佳的視覺廣告效果，特別是對於小包裝的商品更重要。當顧客想購買某一品牌的產品時，同一品牌的產品擺放在一起，可以幫助顧客快速找到他所需要的商品項目。同一品牌集中陳列也可以利用消費者對某商品的認知及偏好，帶動該品牌所有的商品，利用本品牌的強勢產品來拉動本品牌的弱勢產品。

2.陳列空間

　　店頭陳列空間一般均依商品所創造的利潤來分配。最基本的方法是給予銷售好、流轉快的商品一個較大的陳列空間，而銷路差、流動慢的商品，則給予較小的陳列空間。這樣，店裏的商品將隨著時間呈遞減。陳列空間的狀況越差，越不利於產品的銷售，對於企業來說，這樣很容易形成惡性循環。所以企業應當努力爭取較好的空間，並充分利用陳列空間；首先應調查商品的銷售數量，以此計算出銷售的構成比率，然後按此比例分配陳列空間。

3.陳列面

　　陳列面就是決定把商品的那個面正對著通道。除正面為最好的陳列面外，還需注意顏色搭配、口味分類及整體性的調配等。

(1)顏色的搭配

　　除商品本身的裝飾色彩要符合行業的特性外，還可以利用商品本身的包裝色彩，陳列出具有吸引力的色調組合，進一步突出商品的特色。例如，寒暖色系列的搭配、對比色系列的搭配等，都能使商品在貨架上顯得更為突出。

(2)口味的分類

　　當我們在調整陳列面時，除了要注意顏色的搭配之外，還需將各類別的商品依口味分別陳列，例如，TP 飲料類可將其分為茶類、果汁類、咖啡類、乳品類、豆奶類等系列。在操作時，仍需以消費者的生活習慣為依據，例如，在進行方便面類的陳列時，就應將素食系列與牛肉系列分開陳列。

(3)整體性的調配

　　把流轉快的產品擺在中間，這樣能使消費者在購買此商品前，順便流覽本品牌其他的口味及包裝類別。對於同一品牌的強勢和弱

勢兩種產品,弱勢性產品放兩旁,強勢性產品放中間,以保衛本品牌在貨架上的陳列空間。此外,新產品應置於強勢產品旁,可增加新產品與消費者接觸的機會。

4.陳列高度

根據報告顯示,貨架陳列位置變動時對銷售量會有顯著的影響。當商品由貨架底層調高至第二層時,銷售量將增加 34%;而商品由第二層調至黃金帶陳列時,商品的銷售量將增加 63%;若直接將商品由底層調高至黃金帶,商品銷售量將增加達 78%以上。因此,貨架的黃金陳列帶一般是各品牌爭奪最激烈的位置。

要瞭解黃金陳列帶,應首先對有效陳列範圍有一個正確的認知。有效的陳列範圍應該以消費者的身高為標準來決定。首先,要看主要消費群是那些人,若是女人或小孩,應根據他們眼睛的高度和手臂的長度,在容易看到、容易拿取的原則下決定陳列的高度和範圍。

在有效的陳列範圍中,所謂黃金陳列帶,是指貨架上銷售最好,也是流轉最快的區域,此黃金帶一般以視線下降 20 度左右的地方為中心,在它之上 10 度和之下 20 度之間陳列商品,最容易被消費者看到。所以黃金陳列帶就成年人而言,是從地面算起 90～150cm 的高度。黃金陳列帶的寬度則不一定,它是隨著消費者與陳列架之間的距離而改變的。消費者通常站在離貨架約 80cm 的地方選取商品,而人的視野寬度有 120 度左右,其中看得最清楚的部份約有 60 度。因此,如果在離開貨架 80cm 的地方,約 90cm 的陳列寬度是最有效的視野幅;如果在離開陳列架 130cm 的位置,則有效陳列範圍會變成 150cm 寬。

5. 陳列位置

一般情況下，主要的陳列位置是位於高流動線區域和視覺效果良好的位置。舉例來說，在小規模的商店，端架是最佳的陳列位置；在大型超市，中央通道、通道的前後端與臨近冰箱的陳列架是最好的動線。一般而言，這裏商品的銷售情況也是最佳的。

大型超市週圍雖是動線，但因是「需求」地區，通常是消費者購買預定的必需品時所走動的地區，因此，如將食品、飲料類的產品陳列於四週的動線，由於消費者忙於找尋他們所需的特定項目產品，未必會產生衝動性的購買。所以，為使食品、飲料類的陳列空間更有效用，可以與店老闆交涉，要求調整貨架的高度，以適應各類產品的規格，並增加存貨量，以免產生空際或犧牲產品的能見度。

因此，較理想的陳列位置應是：①爭取動線兩旁的陳列位置；②陳列位置最好在與視線等高或略低的貨架上，因為過高不容易拿取，而過低又不容易看到。

6. 陳列形態

商品陳列一般有以下幾種形態：

(1) 橫式陳列

所謂橫式陳列就是把同樣的商品排成橫式的陳列形態。此種陳列形態能把消費者誘導向深處；但其缺點在於消費者挑選商品時，必須沿著陳列左右移動。

(2) 縱式陳列

顧名思義，縱式陳列就是把同類商品以縱式形態陳列，消費者不需要左右移動，眼睛只要上下看就可以挑選商品。這種陳列形式的優點是效率高，可使消費者的步行路線變得很單純，也可節省購物時間。所以，縱式陳列可使消費者產生大量的衝動性購買並增加

消費者購物的方便性。

對於縱式陳列來說，高價位或新推出的口味應置於貨架上層，以吸引消費者的注目。此外，為了要創造有效的陳列，每類產品至少要有兩個陳列面，且需佔有兩層的陳列貨架。

(3)關聯性陳列

將人們日常生活中，用途類似、使用場合相似的互補性商品組合在一起陳列，可提高消費者選擇及購買商品的容易度，並達到關聯購買與聯想購買的相乘效果。

(4)雜亂陳列

除了以上三種陳列形態外，有些企業還創造出雜亂陳列。雜亂陳列可以讓消費者感覺到商品的豐富。

雜亂陳列應該是各品牌之間能夠作比較的、有連續感的以及有立體感的陳列。貨架以外的商品陳列第二陳列區。除了主要的貨架陳列外，零售店會有一個或一個以上的額外陳列點，用以增加消費者對產品的接觸率，產生額外的衝動性購買。當主要陳列區大品類商品因陳列空間有限，無法滿足節假日或購物高峰時間的銷售而產生缺貨的情形時，第二陳列點的作用就非常明顯了。為使第二陳列點取得最大的效益，其位置應與主要陳列點分開並保持一段距離。好的位置應是購買者進出並會駐留之處，如通道末端與主要陳列區間隔兩個貨架以上的位置；商店出入口或冰櫃附近的島式陳列區亦是一個好的地點。

但有些售點為了促銷，故意將商品弄亂堆放，這樣做只有徒增困擾，無任何特殊的有利作用。因為在堆積如山的商品中，消費者反而無所適從，只是一味把不要的商品翻起、丟下，造成商品的混亂，而無法真正選購商品。即使消費者翻到一件中意的商品，他仍

可能繼續翻下去，看看有沒有比這件更好的商品。

⑸特殊陳列

特殊陳列就是臨時性的陳列，期限較短，一般在一個月以內。在以下 3 種情況下，售點會使用特殊陳列：

①廠家開展促銷活動。促銷是一種暫時性的店頭活動，意在運用各種方式刺激消費者的購買慾望，以產生快速、大量的銷售。通過促銷時的特殊性陳列，有助於消費者試用新產品或既有產品；促使消費者連續購買；維持消費者長期的品牌忠誠；短期間提高消費者購買頻率及購買數量；出清商店存貨；以及促使消費者光臨。

②季節性或節日性的店頭促銷。最好與其他產品聯合促銷，效果會更理想。

③新產品上市時，應凸顯出本品牌與其他品牌的差異性，以加深消費者的印象。

執行特殊陳列時，應注意下列事項：

①陳列地點最佳處為商店出入口處、收銀台旁及主動線上或相關產品陳列區內。

②特殊陳列是為了賣商品，不是賣紙箱，紙箱部份應盡可能裁剪。紙箱切割要整齊，需露出整個商品品牌和商標，以加深消費者對商品的印象。

③與其他品牌並列時，應排於外側，使消費者容易選取。

④應妥善運用廣告制作物。POP 信息要簡單明瞭，零售價或特價應予以告知。

⑤割箱時不要損傷箱內的商品。如已有明顯銷售，應重新整理，如剩餘部份已無法再堆箱時，應將商品移至陳列架上，並拆除POP。

⑥陳列時應有基本的陳列量，並有銷售過的痕跡，以保持豐富感與穩定性。

四、冰櫃陳列

冰櫃是一種較特殊的陳列方式，適用於冷凍食品、乳製品等需冷藏的商品或雖然不需要冷藏，但消費者對冷藏後的商品有偏好的特殊商品，如飲料等。

冰櫃陳列需要注意以下幾點：

1. 新產品與弱勢性流轉的飲料需放置於冰箱門附近；
2. 將冰涼的產品放在前面，新補的貨品放在後面（先進先出）；
3. 將產品放置於動線與視線的最佳位置；
4. 產品排面必須等於或多於主要競爭品排面；
5. 所有產品均須有清楚、明顯之價格標示；
6. 及時整理冰櫃區域並移走破損及不良產品；
7. 每一包產品均須正面朝前；
8. 產品依實際需求集中放置於市場第一品牌旁邊；
9. 大貨色（流轉快、接受率高）的飲料應給予較多的陳列面；
10. 新產品一定要擠進冰櫃內的飲料群中，並放置於強勢產品旁才能產生告知的效果；
11. 充分補滿，避免中空，以減低競爭品牌乘虛而人的機會；
12. 色彩、層次精心搭配，使消費者在開冰櫃前已先流覽過整個商品線，以增加選購的機會與數量；
13. 勿將飲料放置於冰箱底部，看、取不便會造成負效應；
14. 陳列動作應迅速，不可將冰箱門打開太久。

　　需要注意的是，各個商店都有自己的陳列風格及有關陳列規範，這限制著廠家的產品陳列效果，所以實際工作中就要求各供應商產品的陳列要在順應店方陳列規範的基礎上，根據店內具體情況因地制宜設計該店的陳列方案，盡可能突出本品的陳列效果。

五、商品陳列位置的選擇

　　企業要盡量爭取獲得良好的產品陳列位置。

1. 良好的商品陳列應面向消費者，讓消費者易於購買

　　易於購買的兩要素：

　　⑴顯而易見：使產品能容易被看見。最好的狀況是，使供方產品比競爭產品對顧客有更大的影響力；

　　⑵隨手可及：使顧客能方便地觸及產品，從而可以自行選購。

2. 商店裏最佳的陳列位置

　　人流流向地區，即在顧客入店看到的地方；高客流量區，即在顧客流量大的地方。

　　一般而言，越多人看見的產品，則該產品被購買的機會越多。若產品放在冷僻的角落裏，不易讓消費者看見，銷路自然不會好。在售點，產品應處於整個商店的高客流區和人流流向的地區，所以你一定要掌握消費者的移動路線，配合商店內顧客的行進路線陳列，盡量把產品放在消費者經常走動的地方。在單一貨架上，應以較大陳列面陳列於人流方向、交叉點、人流必經之地等。

　　這些地區的具體位置在：入口可見處、靠近入口的轉角處、貨架入口處、貨架末端、櫃檯中心、外凸的拐角處、收銀台、出口、

人流量較大的通道旁。

3.櫥窗式陳列

有的貨架本身就是一個臨街的展示櫥窗，這種貨架的選擇除了考慮商場內的位置情況外，還必須針對臨街的展示來衡量。櫥窗應選擇最中心的位置，要求比普通的陳列高度略高。

4.超市陳列

這類貨架具有空間十分豐富，陳列位置的高低落差較大的特點。這種貨架的陳列，除了要滿足商場背櫃貨架的要求外，還應該隨時保持較多的貨架商品儲備。為了使產品的陳列位置不至於過高或過低，可以將產品陳列在相鄰的兩個或多個貨架的最佳視線位置。

六、商品陳列管理的重點

1.按品牌集中陳列

在集中陳列商品時，同一品牌應陳列在一起，最好在同一個貨架；如果分幾層陳列，中間不應間隔其他產品。系列商品集中陳列，其目的是形成陳列氣勢，衝擊顧客視覺，所以切忌分離放置。此外，系統產品集中陳列可使強勢產品帶動弱勢產品的銷售。

同品牌較集中，所有品牌大集中。這樣可以使消費者認識公司產品有那些不同規格，以便根據自己的需要選購，否則消費者因為沒有合適的規格，會轉而尋求競爭品牌。

產品按外包裝集中，按種類歸類。包裝面正面向外，以確保消費者對品牌、品名、包裝留下印象。大規格在右，便於消費者對比價格，實現購買。

2. 爭取儘量大的貨架面積

產品貨架的佔有率與產品的市場佔有率在一定範圍內呈正比例關係。因此，企業應爭取最大的陳列空間與陳列面。

集中擺入，排面越多，銷售機會越多，銷量和排面成正比。研究表明，陳列面的增加對銷售的影響可達 50%～300%，因此要在不塞貨的情況下，大量搶佔最大陳列面陳列各種規格產品。如果陳列位置有限，則陳列週轉最快的產品，不應讓週轉慢的產品浪費空間。保持陳列面，防止缺貨、斷貨。保證每個品牌有足夠的貨架陳列空間，並且有一個很好的展示面。

3. 將產品陳列於黃金位置

所謂黃金位置是指在陳列架上，人的眼光最容易看到、手最容易拿到的位置。消費者能夠發現產品並識別品牌、規格是購買的前提。因此，將產品陳列於醒目的黃金位置是商品陳列的最基本要求之一。

而消費者在購買高價位日用消費品時有一定的心理壓力，高價位的日用消費品在陳列時應讓其更靠近消費者，可以消除距離感，更容易讓顧客接受。

4. 對抗性陳列

對抗性陳列是根據主要競爭品牌的陳列狀況調整產品的陳列規模或位置。

分清在目前市場上競爭對手是追隨者，還是品牌的領先者。對於前者的策略是在陳列上要遠離，對於後者在陳列上要貼緊。

產品通常不能陳列在遠離同系列產品的地方，這樣會孤立無援，缺少銷售氣氛；也不能和非同一檔次商品一起陳列，這樣會影響本公司產品的檔次。

5.嚴品的展示應在同一個平面

由於不斷地從櫃檯上取貨，貨架上的各種規格陳列量會不一致，從而形成展示面高低不平。應要求專櫃小姐或櫃檯營業員隨時將產品的展示面調整在一個平整的面上。營業員應儘量做到在貨架的裏層取貨。

6.下重上輕陳列

將重的、大的產品擺在下面，小的、輕的產品擺在上面，這符合人們的習慣審美觀。

7.每一樣產品都應該緊靠在一起，中間不留任何間隙

這樣可以利用每一寸貨架空間；另外連續不斷的重複包裝圖案，容易形成強烈的視覺衝擊力，並形成一個強大的產品陣容。

8.重點陳列原則

在一個堆頭或陳列架上陳列系列產品時，新品和重點產品必須佔據最佳擺放位置和貨架大部份面積。另外，品種規格較多的品牌也應陳列在較佳位置。

9.定期清理貨架

為了保持產品、貨架清潔，要定期清理貨架：所有產品必須乾淨整潔，產品面朝向消費者，排列整齊，擺放符合企業有關標準；先進先出、及時補貨，新貨品、保質期長的貨品往後擺放，舊貨品、保質期較近或較短的貨品儘量往前擺放；及時更換破損產品和過期產品；設法處理滯銷品，不能任其蒙塵，影響品牌形象。

10.結台情況，因地制宜

每家商店都有自己獨特的貨架情況，而公司的標準是固定的，如何讓公司的標準在每家店中得以體現，關鍵是：對公司的政策要

理解其實質含義而非表面的條款；多對商店實際情況動腦筋，在爭取更大可用資源的前提下，充分利用現有條件，並採用創造性的商品陳列方法。

七、商品陳列管理的工作內容

終端人員在進行商品日常陳列管理時，其工作內容包括以下幾個方面：

1. 檢查貨架，保證貨架管理符合企業相關標準。

2. 爭取更多的品牌上架或被陳列，爭取最佳陳列位置，集中陳列，爭取最大陳列面和更多的貨架佔有率。

3. 調整貨品陳列位置，清理貨架上產品；及時補貨，保證產品不出現脫銷。

4. 標價。

5. 清理並更新貨架上的宣傳品，佈置吊牌、海報等 POP。

6. 統計並記錄掌握各賣場的銷量，幫助零售商修正產品的安全庫存數。

7. 與商超的經理或櫃檯、樓面主管溝通，提升客情關係。

企業為了爭取更多的最佳陳列位置，首先通過終端人員對商場進行日常拜訪並親善關係，加強與商場貨架管理負責人的溝通，說明良好的貨架管理工作能提高商場形象，增加商場的銷售量，提高利潤額，從而達到公司的基本陳列要求和助銷要求。日常的親善活動應形成制度化。也可在商場設置導購人員，負責產品的推廣與商場貨架管理。

對於連鎖賣場來說，企業為了獲得更大的陳列面及促銷陳列的

支援，必然需要支付一定的陳列費用。應由業務代表向商場提出意向，再由業務經理與商場達成初步意見，初定位置、價格範圍，最後由區域經理確定。

八、終端人員提高商品陳列水準的途徑

終端人員可以通過下列途徑，或借鑑經驗，或自己創新提高商品陳列的水準：

1. 經常觀察競爭對手的陳列方法；
2. 觀察其他種類產品的貨架擺放方法；
3. 走訪各處各地商場；
4. 根據公司產品的性能及包裝特點，不斷開發出優秀的擺放方法；
5. 參考有關書籍，提高該方面的知識水準；
6. 提高溝通及交流技巧，加強同商店的合作關係；
7. 將貨架陳列的利益及方法轉化為概念傳授給商店的店員；
8. 將貨架管理同銷售的其他方面結合起來。

2 產品上市的鋪貨陳列檢查

有效的鋪貨，優異位置的陳列，生動化的佈置，關係著新產品的上市績效。

產品上市，是否有效鋪貨，是否在店頭順利陳列，關係著產品上市的績效。產品上市，要追蹤「新產品有出貨的鋪貨率」，更要追蹤「新產品在商店內的陳列狀況」。

尤其對快速消費品而言，陳列生動化是最重要的行銷手段，產品能否佔據更大的貨架，直接決定著產品銷量。零售店的生動化要求，相對簡單，主要考核 POP 和產品陳列位置，產品陳列排面一般會隨鋪貨率增長而上升。超商、批發商生動化要求相對較高，具體追蹤包括排面數、特殊陳列、堆頭面積、POP 及條幅等促成物的數量。

針對各地市場抽查，訪問員進店統計本產品及競爭品的排面數、特殊陳列數字、促成物數字匯總。以主競爭品的生動化數字爲標準，對比本產品生動化陳列達成情況，瞭解陳列多寡、陳列優劣。

通過陳列檢查的追蹤，可獲致下列結論：

⑴對照分析本產品及競爭品陳列數據資料，結合新產品上市後銷售情況，尋找本產品在各管道市場表現上的差距與機會。

⑵發現本產品在批發商的堆箱、POP 數量若遠小於競爭品牌，立即執行批發商堆箱陳列獎勵活動，進行補救。

生動化陳列追蹤記錄表

序號	客戶名稱	客戶類型	品牌	品項（個）	排面（個）	特殊陳列（M2）	POP（個）	條幅（個）	位置
			本產品						
			主競爭品 1						
			主競爭品 2						
			本產品						
			主競爭品 1						
			主競爭品 2						

⑶發現本產品在超級商場堆頭數不佔優勢，策劃買贈活動，以此活動爲主題，展開超級商場生動化陳列攻勢。

⑷幫助各區主管認識工作失誤。例如 A 地新產品推廣業績疲軟，生動化陳列統計結果證明該市場的管道本產品排面數爲競爭品的 1/4，這樣的市場表現，怎麼可能有好的銷量！

⑸如果發現生動化陳列追蹤結果，發現競爭品動態不斷增加，成爲我公司新產品推廣的一大障礙，本公司應當採取針對性的促銷活動，並加大陳列費用，設法投入擠進市場。

⑹分析各品牌在各管道表現，判斷競爭品的管道策略重點，考量本公司新產品管道的調整方向。

例如新產品在 A 省上市後，選擇超級商場作爲重點管道，給予大量促銷投入。很快，新產品在生動化及銷量等方面均超過競爭品 H，H 在超級商場消費購買首先發生轉換，新產品大受青睞，消費者採購踴躍。

然而，月底市場銷售總結果，發現 H 的總體市場佔有率保持穩

定。

　　調出生動化陳列追蹤記錄，得知 H 已開始在超級商場減量供貨，其業務代表拜訪超級商場的頻次減少一半，同時停止超級商場促銷活動。橫向分析零售及批發環節，H 開始實施批發 15＋1 活動、零售店 1 箱＋3 包的促銷政策，促使批發商走貨加快，零售店鋪貨率上升。一切迹象表明，H 公司調整 A 省市場的管道策略，已將工作重點從超級商場轉移到零售和批發，加大了零售和批發的促銷度，力求穩住 A 省市場總銷量。

　　因此本公司根據分析，制定的對策是 A 省市場競爭品 H 品牌撤離超級商場，爲暫時性策略，本公司應繼續保持超級商場各項工作力度，鞏固銷量及生動化陳列成果並不斷提升。同批發商開展爲期 3 個月的堆箱陳列活動，雙方並簽訂合約活動期間是惟一的堆箱舉辦協議，阻擊 H 公司的批發攻勢。同時展開零售店陳列獎勵活動，先爲期 1 個月，要求新產品全品項陳列，一方面加強鋪貨率，另一方面阻擊 H 公司的零售店銷售。

3 零售店的鋪貨考核內容

主要包含兩個大的方面：一是請進來——主要是搞好終端佈置，有吸引力，尤其是專賣店。二是走出去——主要是圍繞終端走向廣場，甚至走向社區搞好促銷活動。同時在終端佈置上嚴格遵循「四得」原則，即：

一是「看得見」（平看：海報、立柱廣告、台牌、燈箱、木牌、電視播放宣傳牌；仰看：橫幅、吊旗；俯看：產品陳列）。

二是「摸得著」（資料架、展架、展臺、樣品等）。

三是「聽得到」（促銷員推薦、營業員介紹、電視播放宣傳片等）。

四是「帶得走」（手提袋、單張宣傳頁、自印小報、促銷小禮物等）。

1. 櫃檯內

⑴品種是否齊全，系列暢銷機型是否都在（3個月內必須有智、金、連、直、328 這五款機）。（10 分）

⑵陳列是否規範，包括：

①集中原則，上櫃機型必須集中排列，決不能東一台西一台。（8 分）

②醒目原則。是否擺設在櫃檯中央最搶眼處。（8 分）

⑶托架是否齊全，切忌將機型放在其他品牌的托架上。（10 分）

⑷主次是否分明：牢記 20%的產品帶來 80%的銷售額，新產品必須重點突出「星狀小彩紙」、「小綏帶」、「小彩星」等提示。（8 分）

⑸櫃檯整體視覺交果是否協調、醒目。

①有無紅色或黃色等暖色絨布鋪底襯托。（4分）

②燈管上是否有紅底白字的覆蓋板。（4分）

③新機旁是否有小紅燈閃爍。（4分）

2.櫃檯上

⑴櫃檯面上是否有橢圓小牌。（10分）

⑵是否有底座的資料托架。（4分）

⑶各機型單張折而等宣傳資料是否齊備。（8分）

3.櫃檯外

⑴是否有吊旗懸掛。（4分）

⑵是否有海報、貼畫、掛畫等。（6分）

⑶是否有立牌（可貼促銷活動告示）。（6分）

⑷是否有燈箱。（6分）

心得欄 ------------------------------

考 核 表

項目	內容(分值)		得分	項目	內容(分值)	得分
櫃台內	品種是否齊全(10分)			櫃台上	有無立牌(10分)	
	陳列規範否	集中否(8分)			有無資料托架(4分)	
		醒目否(8分)			宣傳資料齊全否(8分)	
	托架齊全否(10分)			櫃台外	有無吊旗(4分)	
	主次是否分明(小飾品)(8分)				有無海報(6分)	
	是否視覺協調醒目	有無絨布襯托底(4分)			有無立牌(6分)	
		有無蓋板(4分)			有無燈箱(6分)	
		新機旁小閃燈(4分)				

全項總分：(　　)分

總結：

改進安排：

說明：

　　1.60分合格，75分優良，90分以上優秀，每個點力爭優秀，但必須確保合格，即60分。

　　2.有條件者先上，條件不足者積極創造條件，逐步推廣。

第 八 章
商品鋪貨後的追蹤工作

新產品上市鋪貨後,要對銷量追蹤,迅速發現問題和異常跡象,做好應對措施。追蹤消費者的各種反應,競爭者的反應,遇有問題有效化解。

1 追蹤商品的鋪貨效果

產品上市要全力鋪貨,調查鋪貨的實際狀況,與與相關負責人做出檢討改善,創造銷售成果。

要想產品賣得好,先得讓產品能被消費者看得到、買得到,鋪貨是新產品上市最基礎的動作,是一切促銷、廣告策略的前提。

在產品上市的控制過程中,第一步就是透過對銷量數字的追蹤,可以迅速發現問題和異常迹象。

市場千變萬化,單純看銷量數字,往往只能發現問題存在而無法解決問題。而對這些異常現象的進一步研究,就要靠對新產品上市階段過程指標及市場現象的追蹤,才能更全面地解讀銷量異常背

後隱藏的問題實質，從而尋找解決方案。

產品上市要追蹤的市場表現，包括：產品的各管道鋪貨率變化、產品各管道生動化陳列表現、產品的價格是否穩定而且有優勢、競爭品在鋪貨/價格/生動化/促銷/廣告等方面有什麼動作、消費者對產品的接受程度。

對產品的市場表現追蹤，其數字來源要比銷量追蹤困難得多，需要企業投入一定的人力、物力和時間去做全面的調查、採樣、數據匯總工作。

有些企業反對做市場調查，他們認為「鋪貨率高不高、價格穩不穩，開車下去兜一圈就知道了。」

對產品上市後的鋪貨追蹤，可獲益不少。例如：對鋪貨率過程的調查，實際上在不斷給業務人員「施加壓力」，引導他們的注意力去努力做好這個銷售工作。而且，主管不可能天天泡在市場走訪，而市調人員對競爭品動態、消費者接受程度的調查，可以作為主管「耳目」的作用，幫助主管快速反應，定出防禦措施和產品改良決策；另外，市調人員作廣泛的數據採樣分析，可以給主管的主觀判斷做個佐證。如果市調結果與你的想法相違，不妨先別急著下結論，再親自進行更大範圍的一線觀察。

在具體追蹤上，要知道產品上市鋪貨率，是隨時間階梯遞增的。所以，要追蹤初期鋪貨率、中期鋪貨率和最終鋪貨率。例如分別追蹤前 10 天、前 20 天、第 1 個月、第 2 個月，直到第 6 個月各階段的鋪貨率。

在進行鋪貨率調查時，確認商店有否陳列，要確保數字的真實可信度，讓各區銷售人員自己報告的鋪貨率往往會有不實，所以最好運用第三方(聘請工讀生)調查。用總部人員親自調查，再高層經

理覆核，嚴懲謊報現象的手段提高信息準確率。常用的鋪貨率調查
首先是「數據的搜集」：

⑴總公司專人（企劃人員）負推動鋪貨率的採集工作。根據產品
上市進度，實施各階段的鋪貨率市調。

⑵各城市抽檢鋪貨率時，注意在城東、西、南、北、中分散抽
樣，盡可能使樣本點更有代表性；

⑶工讀生市調，要確保工讀生的名單不被銷售人員知道，以免
舞弊；給工讀生培訓必要的調查方法；嚴格要求調查結果的真實可
信度；及時對工讀生市調結果抽檢覆核，對假報現象予以重罰（只要
發現有一個店不真實，當月酬勞減半）。

⑷各地市調數據的統計，要準確快速，及時交給總公司主管。

該表為追蹤新產品上市鋪貨狀況的標準表格。在前 10 前、前
20 天（不含整月）的鋪貨率統計，以各管道銷貨家數除以該管道總店
數為準，月度鋪貨率調查結果為準。

通過數據的管理，可發覺出各上市階段鋪貨率達成差異、未完
成鋪貨的店數。

通過對整體新產品鋪貨率進度的掌握，和新產品銷量的對比，
來發現問題。例如：鋪貨率進度一直緩慢。針對產品的鋪貨率價格、
政策，及人員激勵政策需要加強；新產品銷量進展迅速，但鋪貨率
進展緩慢。可能出現通路庫存過大現象，要立即減緩給經銷商壓貨，
加強做促銷，幫地區經銷商進行分銷，提高鋪貨率消化庫存；零售
店鋪貨率在第 2 個月開始下降。可能是競爭品反擊，也可能是本品
的消費者促銷沒跟上，拉力不足，鋪貨率做上去又很快下來（零店老
闆不願二次進貨），要據此方向進一步探討、制定應對策略；發現鋪
貨未達成管道、區域市場，查明原因。例如在大多數市場完成鋪貨

的情況下，有一地區鋪貨率未達成，則說明該地區市場有異常，或負責的業務人員鋪貨作業不力。

鋪貨作業追蹤表

地區：　　　　　　　　　　　　　日期：　　年　　月　　日

項目 ＼ 管道		零售店	K/A 店	批發市場	經銷商
總戶數（家）					
目標鋪貨率	上市 10 天 目標				
	達成				
	上市 20 天 目標				
	達成				
	第 1 個月 目標				
	達成				
	第 2 個月 目標				
	達成				
	第 3 個月 目標				
	達成				
第 1 次上市鋪貨箱數					

　　而一個區域內，有一個管道鋪貨未達成，其它均達成時，說明新產品在該管道遇到障礙、負責該管道的業務員工作有問題。

　　分析新產品鋪貨率達成及銷售比率，修正單品項（新產品各口味）鋪貨率提升，發現潛力最大的銷售管道，調整該管道側重點。例如：若發現該產品在學校管道鋪貨進展快，則加大學校管道鋪貨促銷力度，作爲新產品上市的一個管道切入點；若發現新產品中的橙味品項在各地鋪貨、回轉較好，則確定橙味爲主打口味，要求各地

迅速提高橙味迅速佔領市場，再逐漸帶動其他口味銷售；與競爭品的鋪貨率進行對比，分析優勢與劣勢。結合競爭品鋪貨率現狀，設定高於主力競爭品的鋪貨率標準，使產品上市後能夠形成鋪貨優勢，創造優於競爭品的銷售機會。例如：在 P 市場市調查發現有種零售價 40 元的美味牛肉麵的鋪貨率極高，說明該市場 40 元錢的方便麵市場是主流，本公司此次推的新產品零售價格 30～40 元，相較肉蓉麵有價格優勢，前期鋪貨也較受歡迎，市場機會很大，故調整 P 市的促銷政策，大力鋪貨，鋪貨率目標 80%以上，切分牛肉麵市場。

2 產品鋪貨後，要追蹤消費者的反應

新產品上市後，消費者的各種反應，例如知名度，喜好度，試用率，購買量，使用反應，評價好壞，都要加以追蹤。

新產品上市後，追蹤消費者十分必要。掌握品牌知名度、品牌轉換度、產品試用率、回購率，使用習慣、購買習慣及特徵等調查數據，有助於對新產品上市的最終結果，是否被消費者接受做出評估，還可分析出目標消費群定位是否有偏差，從而針對變化而調整策略。

公司要針對消費者，實施新產品的上市追蹤調查，在各區域，選取有代表性的城市進行抽樣訪問。

通過新產品上市追蹤表可實施下列管理：

1. 調整廣告的投放及廣告訴求。例如：如果品牌知名度低，則要考慮調整廣告投放媒體及時段。如果購買習慣中，每次購買量較

少，則調整廣告訴求和超市投放的產品包裝，加大五連包及箱販的陳列、促銷，以刺激大量購買。

2.對新產品試用率較低市場，要加大新使用者的促銷力度。例如：增加派樣、試用等促銷活動的規模和次數擴大首次接觸新產品的人群。

新產品上市追蹤表

部門：　　　　　分公司　　　　日期：　年　月　日

項目＼時間	1 月	2 月	3 月	4 月	5 月	6 月
品牌知名度						
品牌轉換度						
產品試用率						
回 購 率						
使用習慣						
購買習慣						
購買特徵						

3.對產品回購率較低的市場，可採用超市持續堆頭陳列，並進行集點換購促銷，鼓勵消費者二次購買，同時分析產品口味（使用功效），探求消費者不願再度購買的原因。

4.分析品牌轉換度，即分析品牌轉換度資料，那些品牌轉換為本產品的程度較高，那些品牌轉換為本產品的程度較低，分析其中差異原因，提出針對低轉換度競爭品的促銷對策。

例如：通過追蹤得知，新產品品牌轉換度為 62.5%，其中，X

品牌轉為本產品為 35%，位居第一；H 品牌轉為本產品為 15.5%，位居第二；其它轉為本產品為 12%。如果 X 品牌的產品定位與本產品一致，且上市計劃中也設定了搶佔 X 品牌的市場佔有率目標，則說明本次新產品上市的行銷策略非常成功。但如果與本產品產品定位一致的是 H 品牌，不是 X 品牌。顯然本產品的品牌轉換中出現了非定位產品，可以判定新產品的上市工作中，本產品的廣告訴求和其它推廣工作出現差錯，上市工作有問題。

此外，針對偏差問題，可進行一些工作調整。例如：

⑴更換電視廣告片版本，調整廣告訴求，並繼續追蹤品牌轉換度，以觀收效。

⑵調整平面廣告訴求，重新印刷海報及 DM，並在零售店、批發商、社區等地點張貼和散發，強化宣傳。

⑶檢討前期促銷推廣活動總結，重新修訂針對目標人群的活動方案，特別是修訂活動主題、活動標語口號的訴求，並繼續追蹤收效。

心得欄

3 產品鋪貨後，要注意競爭者的反應

　　新產品上市成功與否，努力衝刺之餘，提心吊膽，仍要注意到競爭者的反應，發現對手的反擊要立即有效化解。

　　新產品上市的隱藏危機，是無法估計競爭者的反應。在新產品上市期間，關注競爭品的銷量和價格利潤變化，廣告促銷活動的動態，能夠迅速發現競爭品的反擊，進而快速制定推廣策略及行動方案。

　　企業首先要透過下列的市場調查，瞭解到競爭者的反應：

　1. 調查

　　通過基層市調人員調查收集競爭品鋪貨、價格、促銷活動、廣告投放相關信息。

　　2. 觀察

　　親自走訪市場，觀察競爭品鋪貨及終端表現，探查競爭品零售價格，批發價格，市場銷量，廣告，促銷活動，經營者經銷意願等狀況，取得第一手競爭品資料。

　　3. 印證

　　與營業人員溝通，瞭解一線人員獲得的競爭品信息，印證已取得的競爭品資料。

　　善用市場情報，瞭解競爭者反應，以修正本產品的行銷戰術。逐一分析，找尋新產品劣勢方面，就改善劣勢要素提出解決對策。根據競爭品銷量變化，調整區域市場策略。例如：某區域市場某一競銷量明顯下降，而本產品銷量上升迅速，其它競爭品銷量不變，

說明該競爭品所減少的銷量，基本轉化爲本產品銷量，該競爭品有可能大舉反撲，本產品要準備應對之策，作萬全準備。

根據競爭品促銷動態，調整本產品促銷策略。例如：競爭品開始加大通路(批發、零售)的促銷力，企圖阻擊本產品。因此，本產品應採取連環促銷，穩固已有鋪貨率，或加大促銷，迅速提升鋪貨率，回擊競爭品。

劃定新產品主力競爭品，採取各個擊破策略，擠佔市場佔有率。

例如新產品上市 2 個月後，本產品進展銷售困難，主競爭品 A 銷售量依然穩定。通過重點追蹤 A 競爭品後發現：A 競爭品市場鋪貨率穩定，爲競爭品中最高；經銷商實行銷售等級獎勵，促使經銷商進貨積極；批發實行 25+1 政策，零售店實行 1 箱+2 袋政策，使批發及零售店銷貨加快；廣告投放增加，廣告訴求有所調整，造成消費者拉力增強。

針對 A 競爭品動態，公司又做出如下調整：

⑴增加 A 競爭品空白品項產品上市，搶佔市場空隙，提高 A 競爭品品牌轉換度。

⑵加強消費者促銷活動，擴大首次品嘗消費群體規模。

⑶針對競爭品各層通路的鋪貨政策，進行本產品促銷政策調整，進行補強鋪貨，提升鋪貨率並超越競爭品 A。

⑷強化本產品廣告推出計劃，提升品牌知名度。

競爭品追蹤表

部門：　　　　　　　　　　　　　日期：　　年　　月　　日

		本產品	競爭品 1	競爭品 2
銷　　量				
鋪貨率	零售店			
	K／A 店			
	批　發			
價　　格	經銷商　進／出價			
	批　發　進／出價			
	零售店　進／出價			
	K／A 店　進／出價			
促　　銷	通路			
	消費者			
廣　　告				

　　新產品上市已有些時間了，營業鋪貨按期到位，經銷商、批發商及零售店鋪貨正常；廣告也進行了，各地促銷活動如期開展，並有一定收效。可是，整體的銷售量不理想，問題到底出在那裏？

　　如果有以上追蹤的工作基礎，管理者可從以下幾個方面尋找市場原因：

　　⑴整體市場銷售不好，但局部市場却能旺銷。找出旺銷市場支持新產品暢銷的主要因素(包括消費者、經銷商、批發商及零售店等方面)。相反的，弱勢區域到底是那些方面存在差距？

　　⑵目前零售價格如何？是否按照設定價位出貨？如果發現產

品零售價格不穩定，價格高出，將影響目標顧客的購買，形成終端銷售遲緩。

⑶通路利潤針對競爭品是否有競爭力？或許在上市前還存在優勢，但隨後發現競爭品在新產品上市後快速反應，加大各階促銷力度，使實際價格下降，反而使競爭品形成介格及利潤優勢，造成本產品的經營意願隨之降低，通路推力不足，走貨緩慢。

⑷消費者的原有消費是否有所改變？如果發現未能形成大幅度的品牌轉換，也就是說新產品未被目標顧客所接受，則預計的市場佔有率很難按期達到，造成銷售遲緩。

⑸銷售較差地區，競爭品是否有反擊動作？如果發現競爭品迅速加大通路促銷力度，展開搶佔通路倉庫行動，一方面競爭品通路經營利潤增加，另一方面又對本產品形成通路上的有力阻擊，而這些市場本產品未及時採取行動，應對競爭品的一系列手段，造成本產品相對利潤降低，部份市場銷貨趨緩。

心得欄

4 要注意鋪貨量與實銷量的區別

商品在鋪入目標零售店後，賣給最終消費者之前屬於「鋪貨」，售出之後叫「實銷」。對廠商而言，「鋪貨量」與「實銷量」之間雖然有明顯的對應關係，但兩者並不總是同步。

一、鋪貨量與實銷量的互動關係

一般情況下，在一定的時段內，對於同一商品銷售批次而言，總是「鋪貨」在前，「實銷」在後。但是，「鋪貨量」並不是越大越好。那麼應當如何把握？這取決於「鋪貨量」的邊際效應。

在商品投放市場的開始階段，加大「鋪貨量」，可以推動「實銷量」隨之增長。「鋪貨量」的增長與「實銷量」的增長可以達到同步。此時，「鋪貨量」的邊際效應遞增；市場逐漸飽和時，「鋪貨量」繼續增長的那一部分，對「實銷量」的影響會越來越小，此時，「鋪貨量」增加產生的邊際效應遞減。

當鋪貨量超過市場的容量時，繼續加大「鋪貨量」，不僅不能增加實銷量，反而會給廠家帶來損失，此時，「鋪貨量」增加產生的邊際效應出現負值，即負效應──鋪得越多，壞處越大。因為商品過多地滯留在流通環節，因時間太長，保管不善造成變質、損壞的可能性增加；經銷商也會逐漸因產品流通減慢、庫存增加的問題而對其失去好感；商品在貨架上長時間擱置，給消費者造成產品無人問津的現象，反而會抑制購買慾望，乃至破壞品牌形象。

因此在實際作業時，應當考察「鋪貨量」邊際效應的變化，適當安排「鋪貨」的數量。因商品「鋪貨」滯後、量少而影響實銷，是容易改進的，雖然令人遺憾，但問題不難解決；重要的是不要讓「鋪貨量」出現負效應。「鋪貨量」邊際效應的變化表明：加大「鋪貨量」並不一定能增大「實銷量」。

在特定的時段內，也可以對商店暫停或減少「鋪貨」，「實銷量」並不因此減少（客戶有庫存）。根據消費者心理，在市場對產品有一定的認可之後，甚至可以採取有意識地使產品「斷檔」的做法，使消費者產生該產品不錯、緊俏的印象；然後再批量上市，又會給消費者造成煥然一新的感覺，使「鋪貨量」的增長產生最大的邊際效應。

二、及時掌握「實銷量」的變化

在一定時期內，產品的「實銷量」是相對穩定的，因為受市場客觀條件的制約，不像「鋪貨量」由廠家控制，可以隨意調整。「實銷量」是產品實際市場佔有率的反映，是同類產品、替代品等各種力量對比和相互制約的結果。

力量對比的因素有：廠家的營銷能力、產品質量、價格、廣告力度等；制約條件包括環境、地域特性、產品對當地市場消費者的適應程度等。比如當地消費者比較喜歡甜的口味，酸、辣食品的銷售就會困難一些。

另一方面，「實銷量」及時統計和正確分析也會影響對實銷量把握的準確性。

人們對「實銷量」的認識是有一個過程的，比如要統計數字，

銷售人員應盡力縮短這個過程。由於客觀條件總是在變化，導致實銷量或「起」或「落」，如果認識過程太長，統計各種數據遲緩，得到的資訊可能是過時的資訊，據此做出的決策就可能是不正確的，就無法抓住出現的市場機會或避免可能發生的損失。

三、努力實現「鋪貨量」與「實銷量」的同步

「鋪貨量」是爲了促進實銷量，應服從於「實銷量」。應該通過掌握「鋪貨量」，實現「鋪貨量」與「實銷量」的同步。爲了達到這一目標，應做到以下幾點：

從經驗看，「鋪貨量」控制在不超出實銷量的 20%之內，「鋪貨量」的變動時機比「實銷量」變動提前半個月左右爲宜。

產品的生命週期是指一個產品歷經開發、成長、成熟、衰退幾個階段，「實銷量」一般也有若干波動週期，但不要把兩種週期混爲一談。批量生產初期，新產品以嶄新的面貌出現，產品在開發和成長期，經銷商不拒絕嘗試，消費者感到新鮮，「鋪貨量」的邊際效應較高，可以逐步加大鋪貨量；當產品進入成熟期後，鋪貨應保持穩定；在產品的衰退期，鋪貨量應逐步減少。一般說來，當「實銷量」長時間疲軟，並且不屬於銷售策略與產品質量的問題，就意味著產品進入衰退期，要加快產品的更新換代。

如果產品質量有保證，廣告促銷等營銷手段到位，「鋪貨」及時、適度，但是「實銷量」仍然上不去時，原因要麼是競爭對手採取了新的營銷措施或促銷方法，要麼是市場出現了新變化。此時，銷售人員應及時分析和調整銷售策略。

正確把握「鋪貨量」，使「鋪貨量」與「實銷量」同步，只有這

樣，才能使銷量穩步上升，並步入良性循環。

5 要掌控的銷售日報表

鋪貨之後，要瞭解產品銷售動態，分析銷售業績，找出問題，快速反應，解決問題。

許多企業的銷量業績分析，往往只停留在總銷量達成的層面，就使很多市場隱患不能及時暴露，例如：沖貨、區域品項銷量下滑，當這些問題顯示時，往往惡果已很難挽回。

健全的銷量業績分析，刻不容緩。因爲業績數據分析是企業高層主管的眼睛，通過業績分析，主管才能坐鎮總部掌握各地動態，快速反應，數據分析是各地業務人員的鏡子和緊箍咒，及時把業績分析傳遞至各地一線人員手中，可幫助業務人員認識到運作中的疏漏與不足。

建立相對完善的業績分析系統並不難，不需要巨大的資金和精細管理能力，只需要統計數字、內勤製作表格、學會怎麼分析這些表格。

新產品上市執行過程中，企業尤其要注意對新產品銷保相關業績數字的分析和關注。

及時掌握新產品在各區域的每日、每週、每月銷量表現。這就要求企業必須每天掌控新產品銷量進度，可推算本月能完成的實際銷量。可依此建立各區新產品上市日、週、月曲線圖，隨時發現新產品銷售異常數字，建立預警系統，及時跟進弱勢區域和弱勢管道，

探詢原因，解決問題。

在月工作總結，業績分析中著重「分品項銷售」觀念，引導各地業務人員的關注新產品的銷量成長，給業務人員持續的壓力和激勵。

有銷售業績分析作輔助，企業可以對新產品上市在各區域的成果適時監控，掌握目前新產品銷量主要來自於那個優勢區域，分析其中原因，推廣成功經驗。對弱勢區域及整體市場的上市障礙及研究，落實對各地人員的跟進、管理、獎罰，修正原來上市計劃中不足之處，使新產品上市進程完全在掌控之中，確保新產品上市不出偏差。

具體方法可透過「銷售日報表」、「銷售分析表」加以瞭解。

銷售日報，主要是監控各地新產品每日銷售進度、銷售分析表是在報告業績回顧時，對新產品銷量單獨討論，總結經驗，暴露問題。

品項銷售表

	區域 A	區域 B	區域 C	合計
品項 1				
品項 2				
品項 3				
品項 4				
目　標				
累計銷量				
累計達成率				

　　一般的銷售日報實際上反映了企業銷售導向的經營思路。銷售經理大多數隻盯著最後兩行（各區域的累計銷量、累計完成率），你追我趕，於是就會出現大家都把眼睛盯在總銷量達成率上，都願意去促銷成熟品項迅速升起銷量。沒有人特別關注新產品項的出貨量，不真正用心推新產品，造成公司的新產品屢推屢敗，長此以往，整個公司的產品線失衡，銷量集中在一兩個老產品項上，隨著該產品衰退期的到來（產品形象老化、價格透底、通路利潤低、通路合作意願減弱、同時再受到競爭品的衝擊），公司的整體銷售就會出現危機。

　　銷售日報永遠只反映當月至今日的累計銷量，無法反映當日銷量，只要銷量達成率跟得上進度，那麼今天出了多少貨、出了那些品項就無人關心，整體達成率高掩蓋了突然連續幾天不出貨或出貨品項不均勻的銷售危機。尤其在新產品推廣階段，這種模糊粗陋的數據統計更容易掩蓋問題，使管理者無法及時掌握新產品銷售的細緻變化，錯過調整的時機。

　　健全的銷售日報表具有下列作用：

　　1. 銷量時監控：反映各區域的當天日銷量以及各區域累計銷量和達成率。

　　2. 品項控制：隨時反映分品項的每天出貨量、月累計出貨量，便於暴露重點品項——新產品項的銷量問題。

　　3. 品項比率分析：隨時反映各區域累計銷量中各品項佔的比重。

　　透過每日的銷售日報表，顯示確實資料，使經理及時掌握每天各區域及整個大區的當日分品項/合計銷售狀況。

當日銷售日報

日期：7月15日

	區域 A	區域 B	區域 C	區域 D
品項 1	5	400	350	755
品項 2	10	250	700	960
品項 3（新產品）	0	100	0	100
小計	15	750	1050	1815

　　通過對以上關鍵數據展示，可以幫助銷售經理隨時監控每一天、每個區域、每個品項的銷售進度以及目前各區域以整個大區的品項比率是否正常，及時發現新產品及各品項銷售異常勢頭，跟進弱勢區域。

　　通過上述數據可實施的管理：

　　⑴**跟進重點品項──新產品銷量**

　　如：品項 3（新產品）是這個月的推廣重點，今天只有 B 出貨，區域 A、C 的品項 3 今天為什麼無銷售量？

　　⑵**跟進弱勢區域**

　　如：A 區達成率落後於平均水準，但今天 A 區沒出新產品，而且整體出貨理還是極少（A 區當日共出貨 15 件）。

　　透過（累計）銷售日報表，可使經理掌握當月各區域（及整個大區）累計銷量達成情況、當月各區域的新產品及各品項的累計銷量和比率。

累計的銷售日報表

部門：華北大區　　　　　　　　日期：7 月 10 日（累計）

	區域 A		區域 B		區域 C		合計	
	銷量	比率	銷量	比率	銷量	比率	銷量	比率
品項 1	200	33%	1400	50%	250	25%	1850	46%
品項 2	300	50%	400	16.7%	600	60%	1300	32.5%
品項 3（新品）	100	17%	600	25%	150	15%	850	21.3%
目　標	2000		4000		4000		10000	
累計銷量	600		2400		1000		4000	
累計達成率	30%		66%		25%		40%	

通過上述數據可實施的管理：

⑴**跟進重點品項——新產品銷量。**

品項 3（新產品）正在通路鋪貨啟動之際，促銷力量較大，但本月整個公司新產品的出貨比例不樂觀（品項 3 僅點總銷量的 21.3%，未達成公司目標），要及時跟進新產品的銷量、促成各區在新產品的推廣上加大力度。

⑵**跟進弱勢區域**

如：區域 B 新產品推廣業績顯著，有什麼成功經驗（總結經驗並推廣）；區域 C 新產品業績達成最差，有什麼問題（發現並解決問題）。瞭解新產品推廣各區間的達成進度差異，發現新產品的旺銷廣各區間的達成進度差異，發現新產品的旺銷區與滯銷區，詢問經銷商、批發商庫存情況，為跨區調貨做準備。

跟進其它弱勢品項、弱勢區。如：區域 B 至今日達成率超前，但品項 2 的出貨比例太小，出什麼問題（7 月 10 日 B 區達成 66%，

但品項 2 出貨比率僅 16.7%，相對其它區域品項 2 比率太低）；區域 A、C 達成率低於整體水準也低於時間進度，整個公司達成率不容樂觀，需採取應對措施（7 月 10 日整體達成 40%，A 區達成 30%，C 區達成 25%）。

6 鋪貨之後的銷售分析表

銷售月會是企業對銷售單位的重要管理手段，其首要內容就是當月的工作總結，在新產品上市推廣階段，銷售月會的開展，各區新產品銷售檢討，就成為月會的主要議題。

大公司在銷售月會上，對新產品銷量及總量的檢討是追究各區域新產品的達成率的。

健全的月銷售分析要達到的目的是分析整個區的當月銷量、同期增長率、較上月成長率；引導各分區經理檢討自己的出貨是否正確；引導分區經理特別關注當月公司新產品重點任務；排除市場容量不同、市場基礎不同、任務量不合理等因素的幹擾，客觀公平地評估各區的新產品銷售量及總體銷量貢獻；深度分析各個分公司的新產品銷售量，把握新產品銷售的管道策略。

北區月銷售分析

部門：北區　　　　　　　　　　　時間：2002 年 2 月

序號	當月目標	當月銷售	去年同期	成長率	增長率	達成率
1	1700	1500	2500	-40%	15.4%	88%
2	2000	2200	1300	69%	14.6%	110%
3			1500			
4			3000			
5			4200			
6			7000			
合計						

差異說明：

今年 2 月銷量較去年大幅上升，元月較去年大幅下降的原因是：去年春節在元月，今年春節在 2 月，而本公司產品過年當月為銷售高峰。2 月份公司推廣新品整體形勢較好（當月 2200 件銷量新品佔 700 件）

以上表說明：

1. 清晰反映整個北區今年的銷售走勢、今年銷量與去年的成長對比。

2. 對相較去年同期銷量，有大幅成長或衰退的銷售數字形成鮮明的展示。

下表中 A 為暑季產品，元月份應著力鋪貨啟動市場迎接旺季。B、C、D 為該公司主要產品，其中 C 為重點產品。E 為過年禮盒產品，2000 年元月過春節，如果元月 E 產品推廣及時應該會有好的銷量。F 為新產品上市。北京辦事處 6 月份剛轉為分公司增設車輛、

庫房和業務代表。

區域銷售分析

部門名負責人：　　　　　　　　　時間：　年　月

月份	品項	A	B	C	D	E	F	合計
1月	銷售	150	800	3700	1200	240	1600	7690
	比率	2%	10%	48%	16%	3%	21%	100%
	改進意見（經理填寫）	恭喜！新產品 F 上市成功。 不足之處：B 和 D 也是主要品項但比率過小請多加關注：A 品項市場旺季將至，但本月出貨未見增長請儘快啓動：E 品項本月正是時令產品，推廣不及時損失銷售機會引以爲戒！						
2月	銷售	750	1400	2800	1000	40	2400	8390
	比率	8.5%	17%	33%	12%	0.5%	29%	100%
	改進意（經理填寫）	再次祝賀新品 F 成長迅速，有望成爲主打品項：A 品項銷量增長是大好消息。 不足之處：辦事處轉分公司後人力運力增，銷售更應具主動性，但 D 品項比率較小未見改善，尚有銷量空間，請再投入關注！						

審核：

表格說明：

如表所示，每個月銷售的月會，對各區域當月出貨品項比率，特別是新產品項銷量比率，進行銷售分析，經理審閱並填寫意見，對其新產品推廣、全產品銷售等要點進行點評。月會時宣讀此表並發給各區域傳閱。

通過上述的管理，新產品銷量要特別關注（例如新產品 F 推廣

262

成功,連續兩個月受表揚)。提高銷售敏感度,關注全產品項銷量,產品旺季到來前要及早鋪貨,爲換季做準備(元月某市辦 A 品項和 E 品項未啓動被經理批評)。

分公司各管道銷售日報表

		零售店	K／A	批發商	經銷商	特 通	合 計
品項 1	月累計銷量（萬元）						
	各管道比率（％）						
品項 2	月累計銷量（萬元）						
	各管道比率（％）						
品項 3（新品）	月累計銷量（萬元）						
	各管道比率（％）						
本月累計	（萬元）						
達成率	（％）						
目　標	（萬元）						
達成率	（％）						

部門：　　　　分公司　　　　日期：　　年　　月　　日
審核：　　　　　　　　　　　製表：

通過上述數據可實施的管理:

發現新產品上市後的重點銷售管道,及時追加投入人力及其它資源,加強管道管理。例如新產品上市後,追蹤到 K／A 店銷量佔 60%

以上，說明產品在 K/A 店營業人員力量，並調整上市期 K/A 的信用額度，保證 K/A 銷售不斷貨。通過對比各管道銷量，及時發現隱患，探求銷量障礙的真正原因。例如：

⑴新產品上市，通過數字計算追蹤到 K/A 店平均單店日銷量太低(KA 店銷量除以 KA 店數除以銷售天數)，該區域新產品推廣在 K/A 店重要環節出了大問題，要馬上追究原因。

⑵某區域某新產品品項(同時適合在 K/A 店和通路銷售)在 K/A 店賣得很好，但通路起量卻很差，說明不是消費者不接受新產品的問題，而是該區銷售工作不到位的問題(K/A 店內是自選銷售，產品在 K/A 店可賣好，說明當地消費者接受該產品，通路沒有理由不起量)。

下表說明：

公司要重點推廣新產品 A，不妨把新產品 A 的各區銷量、各區新產品 A 達成率各區新產品 A 銷量佔大區新產品 A 銷量的比重單獨拿出來討論，引導各區經理對新產品 A 的銷售特別關注。通過上述數據可實施的管理：

1. 經理對某個新產品銷量不好但又老找藉口的區域經理給予明確的指示

「別以為你的總銷量大你就能狂了！你賣的都是成熟產品，你銷量大是因為你管的城市大，把新產品賣出去才是你的本事！新產品銷量達成率低，你可能說我給你的新產品銷售任務量太高，但你的區域新產品銷量佔整個大區新產品銷量的比重是在逐月增加或是逐月減少，應該是最能反映你和其他經理相比，是進步還是在退步！這個指標應該說得上客觀公正、無可抵賴了吧！」

新產品銷售量專案分析

部門別	1 月				2 月			
	新品銷量	新品達成率排名	比率	改進意見	新品銷量	新品達成率排名	比率	改進意見
A	20	7	3%	A新品本月達成不佳，請關注新產品銷售，建分公司後車輛人員增加銷量應更具主動性：B、G、K、L、提出獎勵100元/的辦法，C、D、E、F、H、J、M請儘快啟動新產品市場。	95	6	7%	新品上市已兩個月：A新品銷量有提升；G上月銷200箱本月掛零，可見上月壓貨太多，請注意庫存；I、K穩定增長，是大好消息；D、F進展緩慢，作為地級市場新品銷量落後，於I、J、K這樣的小縣城，請自我反省；K再創新高，獎勵200元
B	210	1	28%		135	5	9%	
C	0	1	0%		215	1	15%	
D	15	8	2%		0	9	0%	
E	0	1	0%		210	2	14%	
F	0	1	0%		55	7	4%	
G	200	2	26%		0	9	0%	
H	20	7	3%		46	8	3%	
I	70	5	9%		181	3	13%	
J	0	1	0%		156	4	11%	
K	110	3	14%		214	1	15%	
L	90	4	12%		95	6	7%	
M	27	6	4%		47	8	3%	

2.落後區域的心理壓力

「公司對新產品推廣抓得很緊，把新產品銷售數字單獨拿出來講座當月頌，當月獎罰。市場規模大的區域，新產品銷量比率千萬別落到社區域後面，太丟人了！」

3.各區經理的長期心理壓力

每個月分析各區新產品銷量佔全區新產品銷量的比率，主管批

示書面意見，登記成冊，月會宣讀全體傳閱，6 個月下來我的新產品業績佔全區新產品業績的比重是在上升還是下降，也一目了然！（直接影響我的年底晉升）。棋逢對手的這一招可真「狠」，逼得只能全力往前衝，各區互相競爭！不敢稍有鬆懈！

7 商品鋪貨的銷售分析

　　高明的主管，會透過銷售分析，找出「有如冰山下的事情真相」，看出銷售虧盈的真正意義。根據觀察到的新產品數據，而加以銷售分析，有二個重要原則，必須留意：

　　第一個是重點管理原則。通常佔較大比率客戶數、訂單筆數、地區範圍、產品數，却只佔有較少的銷售量和利潤。即 20%的客戶數却產生高達 80%的利潤，或者 80%的產品數目總共才產生 20%銷售量等，這種特性亦稱為「80 與 20」原則。

　　第二個是事情真相原則。損益表上的銷售盈虧數字，往往過分粗略，不能指出明確的意義，有如一座冰山，表面只看到一小部份，其他隱藏在水面下的大部份，才是最重要的，此種「冰山原理」亦稱為「事情真相」的原則。

　　銷售量分析項目，可區分為：銷售總數量的分析、地區別銷量的分析、產品別銷量的分析、客戶別銷量的分析。

　　以「銷售總量分析」而言，行銷人員在計算「銷售收入總額」時，必須實地瞭解，扣除「退貨」、「寄銷」、「各分公司的庫存量」等各種待調整數字後，才得知真正的「銷售收入總額」。

銷售總數量的分析，可提供一個全盤興衰得失的簡明印象，例如：將銷售總數與前一年度、前一季、前一月相比較；將銷售總數與目標值相比較；將銷售總數與業界相比較；將銷售總數與公司內各相關資料相比較。

某運動器材公司各年度銷售業績：若只單純比較各年度的銷售總數量，則每年均有成長，粗看是不錯。

銷售總數與公司內各相關資料比較表

年度 項目	1991	1992	1993	1994	1995	1996	1997
本公司銷售總量	40	42	43	49	57	59	61
業界銷售總量	400	400	422	544	712	842	1017
市場佔有率	10%	10.5%	10%	9%	8%	7%	6%

但若與產業成長率相比較，則可顯示市場佔有率由 10%降到6%，已在逐漸走下坡了。

從整個業界的銷售總量分析，不只可以看出，企業本身的發展狀況，更可以找出其中的商機。

再以日本的文具用品市場而言，每年的文具用品市場規模，雖然都在逐步擴大，但是「傳統文具店」的銷售市場佔有率卻逐步縮小，例如在 1968 年，傳統文具店在日本市場佔有率約 76%，到 1994年，則不進反退為 52%，出現一種明顯趨勢，文具用品客群逐漸從「傳統文具店」流失到「量販店、百貨公司」等賣場，顯示出傳統文具店已無法滿足消費群，必須以新的行銷包裝策略，才能重新吸引消費群，創造出「產品多樣化的量販店」時代來臨了！

不只要分析「整個業界的銷售總量」，也要分析單獨一家公司的

銷售總量變化，必須留心的是，由於各行業的特殊性，必須深入瞭解，查到問題之根源，才對症下藥。例如以臺灣股票上市的電器公司而言，家電行業早期有種特殊習慣，銷售報表上的帳面數字，並不是公司實際所銷售的實績，理由是報表當中包括有所謂「寄庫銷售」，所謂「寄庫銷售」，在家電行業裏就是業務員催經銷商進貨銷售，若蒙答應，就先以產品還在倉庫中，但帳面上就先已做成銷售出貨了，甚至於產品還在工廠的生產線，也是可以做成「寄庫銷售」。

寄庫銷售時，經銷商開的票子通常時間很長，有時甚至長達一年，由於時間長，變數就多，公司這些應收帳款，變成壞帳的機會也會比較多。

以往，基於年年都是寄庫銷售，舊的應收帳款未收回現金，又會產生新的應收帳款，雖然不至於形成惡性循環，但有時會因公司想在帳面上沖點業績，寄庫銷售又是比較好衝刺業績的地方，反而使寄庫銷售成爲弊端所在，「寄庫銷售」所能達到激勵經銷商銷售效果，也因此打了折扣。

爲徹底掃除這種不好的銷售方式，近來大家已漸採取了「實銷」的方法，如此一來，內部管理控制會更上軌道，但在轉變銷售方式的這段時間，由於需要吸收掉以往在帳面上銷售，但實際上並未出貨的這段業績，業績會出現一段暫時衰退的現象，因此在做行銷分析，必須體會出此種特別狀況，這就是所謂的「深入分析」之原因。

過濾後的銷售總量，要根據各個特性再逐步深入分析，例如「地區別」的分析。

利用「市場指標」，如經銷商數目、人口、所得、工廠數目等，確認每個地區別的潛在消費量。

地區別分析表

項目 \ 地區	市場指標	目標銷售配額	實際銷售	本日達成率	考核
臺北	52%	234 台	317	135%	臺北地區連續 4 個月超出業績，表現良好；而高雄地區達成率有逐年下降趨勢。兩地區為何有明顯的差異狀況？是分配指標有問題，或人員努力程度不够？
台中	30%	135 台	142	105%	
高雄	18%	81 台	61	75%	
合計	100%	450	520		

⑴正確估出每一地區銷售量應佔該企業數量的百分比。

⑵評估應完成的業績預算目標。

⑶核算實際的地區銷售量。

⑷地區別的實際銷量與目標相比較。

⑸比較各地區銷售量績效優劣程度。

銷售成績好壞，根據「地區別」加以分析，例如「台中地區目標達成率 75%」、「高雄分公司銷售額 1450 萬元」等，以地區別作為劃分績效的標準。

企業要「銷售分析」，銀行金融單位也不例外，政府的金融機構每年都會針對各營業單位的經營績效進行評比，合庫機構則是依支庫的營業規模，將營業單位區分為五個組，依組別做評分，每組評比結果，到數三名的支庫，都必須接受總行的特別輔導。

最近幾年發生經營績效不良問題的各單位營業單位，原因不外乎租金過高，影響盈餘；或經理年齡太高，沖勁不足，無法發揮威力，金融機構承租行舍，一直面臨不斷被房東漲房租的困擾，不少

房東發現是金融機構要承租房屋做營業單位，立即就把租金拉高；多數房東還會沒隔幾年就要求漲房租，租金太高，是不營業據點盈餘被侵蝕的原因。

另外，單位經理人年齡太大，也容易影響經營績效，合庫表示，一般營業單位經理，超過六十三歲，才會被調非主管職，而根據分析，經理年齡在四十五歲到五十五歲中間，較具衝勁，超過六十歲，多數容易追求安逸，而缺乏衝刺業績的動力。

因此，合作金庫就根據地區別的各合庫營業單位，加以個別檢討其績效，績效不好的，而且輔導仍未改善者，主管就要調職下臺。

由於銷售數量與利潤並不一定有直接關係，尤其是大多數產品只佔銷售總利潤的極少比率，反而少數幾種產品却佔銷售量的大部份，因此，必須做產品別銷售分析。

例如跨國性大企業推出各種洗潔劑產品，在做「產品別」的銷售分析時，發現「傳統洗衣粉」有迅速被「濃縮洗衣粉」取代之明顯迹象。

衣服洗潔劑市場在過去兩年市場成長率爲 3%及 4%，1991 年市場可成長 5%，使整體銷售金額達到 30 億元。而其中，濃縮洗衣粉在主要日用百貨大廠積極促銷競爭下，迅速吞食傳統洗衣粉的市場，到第一季濃縮洗衣粉的市場佔有率已達 49%，預計年底前會突破 50%，成爲衣物洗劑市場中的真正盟主。

衣物洗潔劑市場規模在 1991 年可突破 30 億元，其中濃縮先衣粉可望首度超過 50%的市場佔有率，領先傳統洗衣物、肥皂（絲）、液態洗衣劑的總和。

濃縮洗衣粉的單獨成長率則可達 27%，相較之下，傳統洗衣粉

則萎縮 20%左右，尤其是大包裝（5 公斤）傳統洗衣洗會迅速被淘汰，行銷人員在做「產品別」的銷售分析工作，可明顯的看出趨勢變化。

產品別銷售分析表

人員	A 產 品			B 產 品			備 註
	目標	實銷	比率	目標	實銷	比率	產品甲銷售
A	100	70	70%				達成率雖低
B	120	140	115%				於產品乙，
C	135	136	101%				但若分析銷
D				40	40	100%	售額與銷售
E				35	36	101%	毛利，則高
F				75	78	102%	於產品乙。
合計	355	346	平均 95%	150	154	平均 101%	

少數客戶的營業交易（例如 20%的客戶數目），却往往佔銷售總額數量的大部份（例如佔 80%業績），故如何掌握這類「大客戶」是行銷規劃重點之一，所以，必須做客戶別銷售分析。

分析客戶別銷售量，可根據依行業基礎劃分；依配銷通路劃分；再依個別客戶、大客戶、中級客戶、零星客戶劃分；混合上述三種基礎，用交叉法加以分析。

各種銷售分析的區別方法，各有利弊，可自行參考，轉化為本身企業所運用。

來店客戶的人數及成交人數，應每日統計分析，以充分掌握來客人數的動態與變化；所做之統計，最好能依日期、星期及時段，對來客數的資料加以分析：從人數變化中及早發現經營的問題，以早謀對策；掌握各時段的來客數，可彈性安排人手，以充分發揮人力資源邊際效益；可與其他店比較，以比瞭解自己的經營績效。

用每日成交金額除以每日成交人數，便可得到當日的平均客單

價，也可以直接由發票分類統計，以發揮功用：平均客單價可做爲開發新商品與服務，及調整商品組合的參考；做爲企劃促銷活動時的參考。

對來店的客戶，按年齡、性別、身分、(例如：上班、學生、主婦等)來統計：可用做店面設計、開發新商品與服務，及調整商品組合的參考；做爲訂定經營策略，及促銷活動的參考。

8 鋪貨後，做好售後服務

鋪貨僅僅是開端，終端的維護和管理是根本。

鋪貨結束後，要將各個終端激勵政策、結算時間、進貨數量、陳列標準和競爭品情況等資料及時記錄，形成動態的終端檔案。經過分析，將終端進行 ABC 分類，制訂出相應的維護標準和管理規範，保證日常終端維護工作的效果。這樣才能將鋪貨的成果鞏固和擴大，形成真正的終端優勢。

企業在按照以上方案和步驟進行鋪貨的過程中，還要注意加強溝通，取得廠家資源支持和管理指導。不管是區域市場的造勢預熱，還是終端助售支援和消費者拉動，都需要廠家的資源投入；同時，具體鋪貨工作的合理計畫和組織實施也需要廠家業務經理提供專業的指導和協助。重視二次鋪貨。這不是簡單的查缺補漏，而是鞏固鋪貨成果不可缺少的環節，是保證整個鋪貨品質的關鍵，所以經銷商應在資源和人力上保證二次鋪貨的品質。

鋪貨方案除了要關注和分析消費者，還要關注競爭對手，找出

其薄弱環節，進行針對性的攻擊；同時要預測和判斷他們可能的反應，做好應對方案，避免鋪貨工作受到干擾。

有人說「真正的鋪貨始於售後」，這是一定道理。鋪貨是一個連續的活動過程，只有起點，沒有終點。成交並非是推銷活動的結束，而是下次推銷活動的開始。

鋪貨是一個需要經常性管理與服務的工作。有的貨「鋪上了」，但是 POP 下面是競爭者的產品，第一視覺位置上無「貨」；有的是鋪在了終端商的倉庫裏，沒有上門面和櫃架。因此，鋪貨人員不僅要及時填寫各種表格，還要做好鋪貨對象的回訪工作，安排好電話訪問內容及以後拜訪的時間，拉近與經銷商及終端的關係，而且每次回訪都應及時記錄，填寫市場調查跟蹤表，以便為鋪貨對象提供及時的服務。鋪貨人員還要與經銷商的鋪貨人員建立良好的關係，共同把市場做好。

成交後，鋪貨人員要向顧客提供服務，以努力維持和吸引顧客。推銷的首要目標是創造更多的顧客而不是鋪貨，因為有顧客，才會有鋪貨；顧客越多，鋪貨業績就越大。擁有大批忠誠的顧客，是鋪貨人員最重要的財富。為此，應該做好以下幾方面工作。

一、始終保持與客戶的聯繫

鋪貨人員與顧客聯繫的方法是多種多樣的，除了親自登門拜訪外，給顧客打電話、寫信、寄賀年卡等，都是與顧客溝通的好方法。鋪貨人員必須定期訪問顧客，並清楚地認識到：得到顧客重複購買的最好辦法是與顧客保持接觸。

一位優秀鋪貨員堅持與顧客做有計劃的聯繫。他需要把每個客

戶訂購的商品名稱、交貨日期，以及何時會缺貨等項目，都做詳細的記錄，然後據此記錄去追查訂貨的結果。例如，是否在約定期限之前將貨物交給顧客？顧客對產品的意見如何？顧客使用產品後是否滿意？有何需要調整的？顧客對你的服務是否表示滿意等。鋪貨人員與顧客保持聯繫要有計劃性。如成交之後要及時給顧客發出一封感謝信，向顧客確認你答應的發貨日期並感謝他的訂貨；貨物發出後，要詢問顧客是否收到貨物以及產品是否正常使用；在顧客生日，寄出一張生日賀卡；建立一份顧客和他們所購買的產品的清單，當產品的用途或價格出現變化時，要及時通知顧客；在產品包修期滿之前通知顧客帶著產品做最後一次檢查；外出推銷時前去拜訪買過產品的顧客等。同時，鋪貨人員應該根據不同顧客的重要性、問題的特殊性、與顧客熟悉的程度和其他一些因素，來確定不同的拜訪頻率。可以根據顧客的重要程度，將顧客分為 A、B、C 三類。對 A 類顧客，每週聯繫一次；B 類顧客，每月聯繫一次；C 類顧客，至少半年應接觸一次。

二、及時兌現承諾

鋪貨時的承諾一定要切合實際，否則即使經銷商和終端聽信了企業的承諾鋪了貨，可無法兌現的承諾會使經銷商和終端對廠家不信任而拒絕鋪其貨物。有兩個啤酒企業同時找到一個經銷商要求鋪貨，一個企業承諾 20%返利，一個企業承諾 10%的返利，這個經銷商考慮了很久決定鋪返利為 10%企業的啤酒。太高的承諾會讓人產生懷疑。

三、正確處理顧客抱怨

抱怨是每個鋪貨人員都會遇到的，即使你的產品再好，也會受到愛挑剔的顧客的抱怨。遇到這種情況，一定要避免粗魯地對待顧客的抱怨。

松下幸之助曾經說過：「顧客的批評意見應視為神聖的語言，任何批評意見都應樂於接受。」正確處理顧客抱怨，具有吸引顧客的價值。

傾聽顧客的不滿，是推銷工作的一個部份，並且這一工作能夠增加鋪貨人員的利益。對顧客的抱怨不加理睬或對顧客的抱怨錯誤處理，將會使鋪貨人員失去顧客。美國一篇文章中寫道：在工商界，推銷員由於對顧客抱怨不加理睬而失去了 82%的顧客。所以，鋪貨人員必須做到：

1. 感謝顧客的抱怨

顧客向你投訴，使你有機會知道他的不滿，並設法予以解決。這樣不僅可以贏得一個顧客，而且可以避免他向親友傾訴，造成更大的傷害。

2. 仔細傾聽，找出抱怨的原因

鋪貨人員要儘量讓顧客暢所欲言，把所有的怨憤發洩出來。這樣，既可以使顧客心理平衡，又可以知道問題所在。如果急急忙忙打斷顧客的話為自己辯解，無疑是火上澆油。

3. 收集資料，找出事實

鋪貨人員處理顧客抱怨的原則是：站在客觀立場上，找出事實真相，公平處理。顧客的抱怨可能有誇大的地方，鋪貨人員要收集

有關資料，設法找出事實真相。

4.徵求顧客的意見

一般來說，顧客的投訴大都屬於情緒上的不滿，如果給予重視、同情與瞭解，不滿就會得到充分宣洩，怒氣消失。這時顧客就可以毫無所求，也可能僅僅是象徵性地要一點補償，棘手的抱怨就可圓滿解決。

5.迅速採取補償行動

拖延處理會導致顧客產生新的抱怨。

四、向顧客提供服務

推銷是一種服務，優質服務是良好的鋪貨。只要推銷員樂於幫助顧客，就會和顧客和睦相處；為顧客做一些有益的事，會造就非常友好的氣氛，而這種氣氛是任何推銷工作順利開展都必需的。服務就是幫助顧客，推銷員能夠提供給顧客的幫助是多方面的，並不僅僅局限於通常所說的售後服務上。如可以不斷地向顧客介紹一些技術方面的最新發展資料，介紹一些促進鋪貨的新做法，邀請顧客參加一些體育比賽等。這些雖屬區區小事，卻有助於推銷員與顧客建立長期關係。站在客戶立場上，為客戶做工作，就能贏得客戶的信賴，成為企業長期客戶。

日本推銷員認為向顧客提供服務的最好方式是「最新、最有價值的情報」，這些情報最能讓顧客感到欣慰。日本某食品公司瞭解到客戶最需要「對客戶經營最有效的情報」與「同業的情報」後，該公司立即將新產品的開發與經營情報的收集列入推銷員的工作中，並以一個經營管理顧問的形式幫助顧客。這樣，密切了推銷員與顧

客間的關係。因此推銷員為顧客提供有價值的信息，是最有效的服務方式。

9 鋪貨過程中的追蹤與控制

　　為了確保「鋪貨目標」得以實現，廠家還應對鋪貨情況進行檢查，僅僅知道成交客戶數量、新產品鋪出多少等數字還不夠，還需要到市場上去盤點新產品的陳列面。在實際銷售活動中，經常有下列現象存在：店主已經訂貨，但是貨還沒有送達；貨已經送達，但還沒有陳列出來；貨已經陳列出來，卻被擺放在角落的最下層貨架上；企業為了吸引消費者製作的各種各樣的陳列材料，因銷售人員「怕麻煩」而沒有使用，既造成了浪費，又影響了鋪貨效果，如此等等。消費者看不到產品，鋪貨就沒有多大意義。因此，一定要進行鋪貨盤查：產品是否已經陳列到貨架上？有幾排幾列或幾處？是不是擺在理想的位置上？

　　鋪貨調查的內容主要包括以下幾個方面：

　　①鋪貨的網點數量：產品的網點數量是否達到預定的目標？

　　②特殊陳列：產品在大型百貨、連鎖超市的大量陳列是否已經做到？

　　③店主反應：零售商對產品或送貨服務有無意見？

　　④消費者反應：產品品牌的知名度、美譽度如何？消費者是否拿到了免費樣品？消費者買到新產品了嗎？

　　⑤銷售業績：達到預定銷售目標了嗎？未完成還是超額完成？

是何原因？

⑥產銷協調；市場上有無缺貨或產品積壓現象？

做好鋪貨後的服務。鋪貨服務階段往往會伴隨著大量的廣告或促銷活動。在這一階段，市場往往會因大量的行銷投入而開始啟動，此時，廠家的業務人員應爭取做好以下幾項工作：

①對所在區域市場的鋪貨實際情況撰寫書面總結，要求重點突出鋪貨過程中出現的問題與不足，要提出自己的解決措施。

②根據《鋪貨一覽表》安排好人員的第二次拜訪和第三次供貨，並認真填好《市場調查跟蹤表》。

③需要針對鋪貨沒有達到既定效果的區域反覆進行研討，重新審定鋪貨思路和方法，確定該區域是「補鋪」、「重鋪」或採取其他手段，並提出建議方案。

在整個鋪貨過程中，必須實行強有力的追蹤與控制，及時瞭解日常鋪貨工作的動態、進度，及早發現鋪貨活動中所出現的異常現象和問題，立即解決。也就是說，通過對鋪貨過程的追蹤與控制，確保鋪貨目標的實現。

鋪貨過程中的追蹤與控制管理的內容如下：

追蹤與控制的基本要求是要把過程管理當中的時間管理，從年度追蹤細化到每月、每週甚至每日追蹤。鋪貨人員在瞭解企業分配的鋪貨目標和鋪貨政策後，應每天制訂訪問計畫，包括計畫訪問的客戶及區域、訪問的時間安排、計畫訪問的項目或目的（開發新客戶、市場調研、收款、服務、客訴處理、訂貨或其他），這些都應在「每日訪問計畫表」上仔細填寫。這張表須由鋪貨主管核簽。鋪貨員在工作結束後，要將每日的出勤狀況、訪問客戶洽談結果、客訴處理、貨款回收和訂貨目標達成的實績與比率、競爭者的市場信息、

客戶反映的意見、客戶的最新動態、當天訪問心得等資料，都填寫在「每日訪問報告表」上，並經鋪貨主管簽核、批示意見。區域主管可以通過「客戶訪問計畫表」，知道業務員每天要做什麼；通過「鋪貨日報告表」，知道業務員今天做得怎麼樣。

在瞭解鋪貨員每日鋪貨報告後，鋪貨主管應就各種目標值累計達成的進度加以追蹤，同時對當天訪問的實績進行成果評估，並瞭解在訪問客戶時的費用，以評價推銷的效率。如有必要，應召集鋪貨人員進行個別或集體面談，以便掌握深度的、廣度的市場信息。

鋪貨員在訪問客戶過程中，會掌握許多有用的信息，如消費者對產品提出的意見、競爭對手進行的新的促銷活動或推出的新品、經銷商是否有嚴重抱怨、客戶公司的人事變動等，除了應立即填在每日訪問表上之外，若情況嚴重並足以影響公司產品的鋪貨時，則應立即另外填寫市場狀況反映表或客戶投訴處理報告表，以迅速向上級報告。區域主管為了讓公司掌握鋪貨動態，應於每週一提出鋪貨管理報告書，報告本週的市場狀況。其內容包括鋪貨目標達成、新開發客戶數、貨款回收、有效訪問率、交易率、平均每人每週鋪貨額、競爭者動態、異常客戶處理、本週各式報表呈交及彙報或處理、下週目標與計畫等。

鋪貨員各種報表填寫品質與報表上交的效率，應列為鋪貨員的考核項目，這樣才能使鋪貨主管在過程管理與追蹤進度時面面俱到。在瞭解了各個鋪貨員的工作情況後，鋪貨主管要對那些業績差的鋪貨員、新鋪貨員的工作態度和效率隨時給予指導、糾正和幫助。

在整個追蹤與控制過程中，通常需要借助於各種鋪貨管理表格這種管理工具，通過填寫相關的報表，區域主管和業務員可以把握市場需要及動向、獲得競爭者的信息、收集技術情報、評價目標達

成程度、進行個人自我管理、製作推銷統計等。在上面介紹的各種
管理方法中,「鋪貨日報表」是最常用的方法,對鋪貨員的管理是基
於鋪貨日報表的管理。健全的「鋪貨日報表」管理,對鋪貨員可作
為自我管理的工具,並就所碰到的問題向主管尋求支援;對主管可
作為鋪貨管理的一種工具,對鋪貨目標做鋪貨效率分析,並對鋪貨
過程和結果進行評估改正。

10 如何有效防止斷貨

　　在終端最大的難題是物品脫銷,即缺貨。物品脫銷與否是由供
應鏈的水準直接決定的,而供應鏈的水準又是由物流水準決定的。
未來的競爭是跨地區甚至是跨國界的,必須利用物流與交易夥伴建
立長期的合作關係,並維持和改善彼此的作業流程以達到供應鏈的
及時、準確、快速,這樣才是滿足顧客需求的市場贏家。
　　調查證實,商品缺貨是零售運營當中存在的一個嚴重問題,缺
貨率高達 9.9%,即在 10 個人當中就有一個人無法買到想要的東西。
根據調查顯示,消費者在面對缺貨時,有 60%的人會取消購買或到
其他的店購買。以一家面積為 8000 平方米的商店為例,如果其年鋪
貨額為 1.5 億元,就會因缺貨而損失 1480 萬元業績,實在是觸目
驚心。而我們再來看國際先進的幾大零售巨頭,它們的缺貨比例大
都控制在 2%~5%。
　　在超市連鎖行業裏,正常的銷貨利潤率在 12%~15%,而隨著競
爭的加劇、價格戰的日益激烈,通常的利潤率都不足 10%;如果在

缺貨損耗上再控制不好的話，那毛利將受到嚴重的損傷，生存將更加艱難。

其實斷貨這一問題，許多企業都曾經面對過，只是因為問題的嚴重程度不同，所以最終的影響也就不同。

一、造成銷售缺貨的原因

1.末建立完善的商品檔案

超市中成千上萬的商品，每天都處在動態變化中，進貨、鋪貨、庫存的信息時時都在更新，如果不借助強大的資訊系統進行管理，根本無法獲取正確的數據，也就無法知道目前商品的回轉到了什麼程度。僅憑表面現象來做經驗性的判斷是不準確的。有的本土商業零售企業都沒建立統一的商品編碼，更別提集中地進行電腦管理了。手工作坊式的管理水準怎麼能應對商場惡戰呢？

2.訂貨系統不完善

因為商品鋪貨是動態的，所以商品庫存也是每日都在更新的。當單一商品庫存低於設定的最小安全值時，電腦就會建議補貨、提醒修正和確認，從而保證商品不中斷補貨，這是目前外資零售商普遍採用的方法。而國內零售商的訂貨大都還停留在手工水準，需要人工憑藉經驗和感覺逐一查詢和手工下訂單，因為效率低、工作量大而極易出現漏訂、少訂和晚訂，導致庫存不合理，出現缺貨或高庫存。

3.零售商內部庫存管理紊亂

沒有按分類商品的編碼原則存放、沒有按回轉速度決定倉庫大小、也沒有對每樣商品做庫存卡進出管理，基本是隨意堆放、混亂

堆放,進出賬無登記管理,這就是目前很多本土企業的做法。這就
導致連營業人員自己都搞不清真實的庫存是多少,所謂庫存管理幾
乎是形同虛設。

4.供應商與零售商缺乏信任與誠意溝通

供應商與零售商是整個完整的供應鏈的共同建造者,必須各自
擔當自己的角色與責任,在資訊及資源上實行共用,及時溝通並改
善作業流程,才能保障供應鏈的順利流暢。但現在,供應商與零售
商缺乏這種共同的價值認知,相互都對相關的數據保密,賣場不允
許供應商查庫存,供應商有沒有貨也不告訴賣場。沒有資訊的溝通
更談不上對相互作業流程的改善,供應鏈的運作又從何談起?各自
為政的結果就是只重眼前利益而無長遠考慮,這對供應鏈的建設是
極為不利的。

5.供應商、零售商相關的物流怖系水準低下

物流體系是供應商與零售商之間的橋樑。在一條完整的供應鏈
中包括了採購、加工、檢疫、運輸、批發、倉儲、終端零售等多個
環節,涉及不同職能的分工協作。如果相關聯的任何一個環節出了
問題,都有可能使供應鏈的運行受阻。現有的很多供應商和零售商
都還沒有自己專業的運輸配送設備和體制,也沒有專業的倉儲配
套,遠未達到專業的物流服務水準,一旦涉及跨地區、跨店別、跨
分類的配貨,就會出現問題。

商品缺貨原因是多種多樣的,直接體現為供應鏈效率低下、運
營管理水準不高。從根本上改善供應鏈的水準已經成為一場關係生
存的挑戰,更要儘快調整經營思路,消滅目前快速消費品零售商規
模快速擴張與內部營運能力低下的雙重惡性循環。

二、改善供應鏈，預防缺貨

1. 供銷雙方要確立正確的利益共同體的價值觀

只有將對方視作自己實現價值最大化的一個重要因素，形成利益共同體的認知，才能在建設供應鏈的過程中保持步調一致。這個觀念的統一尤為重要，要實現商業供應鏈的順暢不是任何一方單獨的事，缺了誰都不行，只有都成為供應鏈的一部份，才可以實現真正意義上的供應鏈優化。

2. 搭建資訊共用的平臺

要徹底改變以前那種數據、信息的相互封鎖，實現面對面的公開化，讓雙方都瞭解自己目前的營運狀況，掌握鋪貨、庫存、促銷等數據信息，才能心中有底，採取正確而及時的行動。沃爾瑪和家樂福等巨頭就與供應商實現了信息共用，每個供應商都有一個屬於自己的密碼，可以進入零售商的網路系統中查詢自己的商品數據和信息，進而決定配貨，儘量避免不合理庫存的產生，實現鋪貨的順利通暢。這一點也對零售商和供應商的 IT 投入和網路建設提出了相當高的要求。

3. 強化採購能力

我們知道，供應鏈條的環節越少，效率越高，只有儘量縮短中間環節，才可能實現便捷高效。同樣，在零售供應鏈上，如果賣場能利用集中採購的規模優勢，大量地、一次性地從生產廠家直接進貨，不僅能減少中間環節的滯塞，而且還能獲得高折扣的一手價，這對提高鋪貨額和利潤是極為有利的。當然，這必須依託於足夠的規模和集中採購優勢，否則也將難以實行。

4.導入高效能的管理工具

　　未來的零售競爭更集中依賴於先進的管理工具，針對成千上萬種商品的動態管理，人工顯然不行，必須引入高效能的管理工具來實現信息的採集與整理分化。例如造成缺貨的重要原因之一：訂單控管，如果不借助自動訂單補貨系統，將很難實現精準而及時的補貨。這些高效的管理工具還包括促銷價格監管系統、鋪貨額分析系統、商品損耗報告等，它們都是提高供應鏈運行效率的有利手段。

5.選擇合適的配送模式

　　連鎖賣場的特點就是店鋪眾多且分散，各店鋪的鋪貨狀況又不一樣，怎樣保證及時送貨和各店鋪的合理配貨，就成為非常棘手的問題。零售商要根據自己的狀況來選擇合理的配送模式，根據貨物回轉、廠商配送能力、地域差異、路途遠近等因素，可以選擇供應商直送到門店、利用自有倉儲或第三方物流中的一種或幾種方式，目的就是要有利於供應鏈的優化。

6.搭建相應的物流平臺

　　如果是採用自有倉儲配貨，必須搭建屬於自己的物流平臺，包括確定正確的物流中心地點、完善的物流倉儲空間、強大的物流管理系統、高效的運輸隊伍等，這是一項非常龐大且專業的項目，對提高供應鏈效率起著至關重要的作用。沃爾瑪就是以它遍佈全國的 20 個龐大的配送中心、2000 多輛長途汽車和 10000 多輛拖車，實現了全美商店及時商品補給。這是個龐大的計畫，需要專業與實力。

7.建立安全庫存

　　大賣場管理中，庫存管理水準對銷量會造成不良影響。如果庫存太低導致產品脫銷，不但會損失產品銷量，使貨架空間減少，而且會因為不能滿足消費者的需求，給人留下不良印象；如果庫存太

高，又會給零售商帶來倉儲壓力和資金壓力，這對供方催收款項是不利的，所以要強調大賣場安全庫存的建立。

安全庫存建立的目的：減少庫存投資，擴大庫存利用率，以最合理的庫存投入，達到最大產出；保證產品不脫銷；保證佔有與市場佔有率相符的貨架。

8. 適時進行二次鋪貨，優化網路品質

二次鋪貨是整個終端鋪貨工作中必不可少的環節，也是經常被廠家和經銷商所忽視的環節。一次鋪貨和終端促銷進行一段時間後，要及時進行二次鋪貨。

二次鋪貨主要工作是：對已鋪貨的市場區域進行巡訪，瞭解一次鋪貨的終端鋪貨情況，及時補貨，以及落實相關激勵政策；拾遺補缺，檢核區域內的空白市場，對遺漏的終端及時補上，同時對一次鋪貨未能進入的終端進行二次談判，達到進入的目的；優化網路品質，要清理淘汰那些經銷積極性不高、陳列較差、違反價格政策以及出貨情況能力差的終端，因為這些積壓在終端的無效鋪貨，會成為擾亂市場秩序的主要誘因，遺禍無窮。

當然，在溝通和協商的方式、方法上，要講究技巧和尺度，避免出現較大衝突，給市場造成負面影響。

三、預防斷貨過程中的競爭

通常，發生斷貨時，最大憂患是競爭品的乘虛而入，這是由於企業自己的失誤而給對手創造的發展機會。比如在某年市場上最流行的飲料品牌「脈動」，當時它的市場非常火爆，但廠家並沒有預測到整體市場的反應，所以在許多地區都發生斷貨。市場情況因此發

生了重大變化,一時間各種維生素類飲料蜂擁而出。眾多競爭品牌在其斷貨時節乘虛而入,對該品牌的市場衝擊巨大。當然,這種情況的出現是源於市場大環境的眾多因素。但它提示我們,重視斷貨問題的處理與解決,應該從防止競爭的角度出發。

1. 怎樣防止競爭品的乘虛而入

首先,對斷貨消息進行有意識的封鎖,盡可能爭取時間改善供應狀況。如近期的促銷方案沒有批下來,只好暫時維持市場。從而隱藏危機,減少對手衝擊。

其次,要進行積極的客戶回訪工作,穩定「軍心」。最常用的措辭是為了對下一階段的市場進行有效預測,需詳細統計各地進貨量。要分清主次,抓住重點客戶。

第三,借機製造懸念,並且還要有意識地為下一階段市場發展創造氣氛。也有必要放出幾枚「煙幕彈」,迷惑對手。比如可以解釋為,下一階段公司要組織大型活動,所以要控制市場。特別提示,可以適當地鼓勵提前訂貨。

通常消防救火要分為三個程度,前 3 分鐘、前 20 分鐘和前 30 分鐘,不同階段所採取的滅火辦法也是不一樣的。斷貨市場的應對辦法就如同滅火一樣,按期限的不同,也分為不同的狀況,我們要據此採取相應的對策。

短時間斷貨,可能會引發市場的局部動盪,但是如果屬於可控範圍之內,也就是明確了市場供貨的時間,則要採取如實與商家溝通的態度,不能讓商家感覺受到欺騙,要協助其做好斷貨時期的市場維護工作。如果是較長時間的斷貨問題,就需要進行戰略性地市場調控。

說說短時間斷貨的具體應對之策。通常每個企業無論大小,都

會有安全庫存的意識。一般而言，只有市場空貨 7 天，才算得上是斷貨。所以我們有必要設計一套「七天滅火」之策。也就是說，用不同的「措辭」維繫客戶的市場期待。第一階段，「我們正在進行市場回訪工作」，1～2 天，主要是做好客戶的安慰工作，並借機進行全面的客戶調查；第二階段，「我們正在做下一階段促銷方案的申報工作」，2～3 天，主要是為了給市場製造更多的期望；第三階段，「當前我們正在做促銷活動的準備」，通常也會延長 3 天的時間。這樣一來，在經銷商的安全庫存消化之前，只要我們注意市場運作節奏的控制，就有可能化解斷貨難題。

2.怎樣從劣勢轉優勢

對於斷貨問題，如果控制得當，產品可以越炒越熱；如果處理不好，問題就會很糟糕，所以要高度重視，並積極有效地轉化劣勢。

某年因為運輸問題，某牌葡萄酒就發生了斷貨。當時廠家只好解釋為「廠家要調價，所以貨少」。在具體操作時，解決辦法只有合理分配有限的資源，均勻分配，有效控制市場。

貨源緊張時，最重要的是要做好兩方面工作：一是做好基礎建設，即下線市場的管控工作，在貨源緊缺時，給貨就意味著利潤，所以這也是做好客情維護的時機；二是有效分配有限資源，做好市場瓶頸的疏通工作，這也是加強市場管理的時機。對於名優品牌而言，斷貨就是其市場管理的有效之舉。比如五糧液在市場上有意識的斷貨行為，對於該品牌的市場地位提升很有益處。

市場運作最重要的就是要講究把握商機，從大市場的角度來有效調控並合理分配資源。如果面臨巨大的商機，但是廠家卻產能不足，這時候就需要明確市場重點。許多企業通常都是為了確保一線城市，只好戰略性地放棄二線市場。所以對於市場斷貨問題，應該

是站在全局的高度來看待。

四、斷貨的關聯問題

斷貨問題屬於供應鏈計畫管理問題,其核心在於供應鏈是否協調正常運行。通常許多企業市場斷貨出現,多數的原因是市場調控出現失誤,可能只需要建立或者完善自己的市場信息網路,就可以解決或者防範問題了,主要措施就是建立完善的市場調控體系,制訂有效的市場應變措施。同時斷貨也是市場推廣策略的一種積極措施。具體在操作過程中,可能要關聯以下幾個方面:

1. 供應鏈的長度和寬度

長度代表管道和鋪貨人員的參與程度,寬度代表供應鏈覆蓋區域和客戶的類型廣度。通常來說在供應鏈的長度方面是比較欠缺的,大多在一線市場的鋪貨人員和管道末端商家都是無法真正參與的。造成這個現象的問題主要在參與工具和方式上需要提高。相對而言供應鏈的寬度是能保證的,目前至少在產品型號和大中型賣場是可以覆蓋到的。

2. 供應量的計畫管理

供應鏈的計畫管理實際關係到市場數據和對市場趨勢的預估準確性,並非簡單的數據錄入輸出工作,這項工作的有效性關聯到第一點的深化程度。

3. 客情關係的建設

商業環境要求,保證供應鏈正常運轉的基礎,就必須保證有穩固順暢的客情關係,也就是建設雙方基本的商業誠信,保證商業信息溝通快捷有效。

4.供應鏈管理對上下游成員利益是否共用

供應鏈能否持續在雙方商業合作中持續應用的基礎，是在應用這個工具後能為雙方帶來商業利益，這主要表現在從市場數據中對市場的把握和庫存管理成本以及物流成本的減少。

5.市場調控的需要

在市場經營活動中有些斷貨是企業有意而為之，也有些是在累積市場潛在消費，更有甚者是市場要求產品進行更新換代，否則就面臨淘汰了。

綜上所述，供應鏈的計畫管理是企業市場經營的重要環節，必須深刻理解。只有調控得當，運轉順暢，方能保證並促進企業的發展。

心得欄
- - - - - - - - - - - - - - - - - - - -
- -
- -
- -
- -
- -

11 商品到處竄貨危害大

所謂產品「竄貨」，是指經銷商把產品跨越生產企業或代理商授權銷售區域範圍進行銷售的市場行爲。

在銷售過程中，竄貨確實是一個讓廠商和經銷商頭疼的難題，因爲竄貨破壞了市場秩序，擾亂產品的銷售價格，而且導致經銷商利潤降低。

企業在市場開發初期，由於實力所限，往往將產品委託給經銷商代理銷售。

由於不同經銷商實力不同，不同區域市場發育也不平衡，甲地需求比乙地大，甲地的貨供不應求，而乙地則銷售不旺，加上企業對分管兩地的經銷商的考核只重視硬指標（銷售量、回款率、市場佔有率），忽視軟指標（產品知名度、品牌美譽度、客戶忠誠度），各地業務員和經銷商爲了自己的利益，會想辦法完成銷售佔有率。通常的做法是，乙地經銷商以平價甚至更低的價格將產品轉賣給甲地經銷商的分銷商，而分管乙地的業務員通常不知道（即使知道了有時也會裝作不知道）。

甲地的經銷商和業務員知道別人在竄貨，損害了自己的利益，就向公司告狀。公司先是批評乙地的業務員，而對經銷商則很客氣，象徵性地提出警告，少量罰款了事，公司害怕一旦鬧僵了，影響廠商關係不說，嚴重的經銷商還會「挾貨款以令廠家」。

甲地的經銷商若對廠家的答覆不滿意，就會來個「投桃報李」，反戈一擊，以更低的價格反擊。現代社會資訊傳播高度發達，價格

資訊、商品資訊傳播極快。甲乙兩地如此你來我往，週邊市場的丙經銷商看到市場出現鍋底價，就開始懷疑廠家是否又出臺了新政策，是否對待經銷商有大小之分等不公平行爲，更嚴重的是發現原來向自己進貨的二批商紛紛改變進貨管道，爲了搶回屬於自己的分銷商，於是丙地的經銷商也開始降低價格賣貨（這種情況多發生在欠廠家過多貨款的經銷商身上），至於虧損部分到年底再跟廠家談判。

經銷商心中抱著一條宗旨：人家能賣低價，我也能賣低價，把數量賣上去了，手中又控制著廠家的貨款，總之好談。於是廠家陷入了經銷商之間價格戰的陷阱，往往才滅東家，又出西家；才穩南方，又亂北方。

惡性竄貨是「網路殺手」，對企業的營銷網路具有極強的破壞力，市場上一旦發生惡性竄貨行爲，價格便出現混亂，營銷程序遭受破壞，從而導致連鎖反應。

竄貨的危害包括：

(1)經銷商對產品品牌失去信心。經銷商銷售某品牌產品的最直接動力是利潤。價格出現混亂，使得銷售通路利潤大大下降，經銷商的正常銷售受到嚴重干擾，利潤的減少會挫傷經銷商積極性，經銷商對品牌的信心最初是廣告投放，其次是產品質量、價格的監控，當竄貨引起價格混亂時，經銷商對品牌的信心就開始下降。

(2)企業品牌戰略受到嚴重威脅。企業的正常經營受到嚴重干擾，企業利益受到巨大損失，消費者對品牌也會失去信心。消費者對品牌的信心來自良好的品牌形象和規範的價格體系，一旦發生竄貨，混亂的價格和充斥市場的假冒僞劣產品會吞蝕消費者的信任。如果品牌形象不足以支撐消費者的信心，企業通過品牌經營的戰略將會受到災難性的打擊，這些將嚴重威脅著品牌這個無形資產和企

291

業的正常經營。

(3)銷售網路受到嚴重破壞。銷售網路實質是廠商之間，經銷商與批發商、零售商之間通過資信關係形成的一種利益共同體。他們互相之間通過級差價格體系及級差利潤分配機制，使每一層次、每一環節的經營者都能通過銷售產品取得相應利潤，一旦發生竄貨現象，網路內部的通路價格必將受到騷擾，級差價格體系遭到毀壞，級差利潤無法實現，各層次利益受到損失，於是網路生存受到威脅。

(4)假冒偽劣產品乘機入侵市場。經銷商為了避開風險，會置企業信譽和消費者利益於不顧，在超低價位和超額利潤的誘惑下，鋌而走險，將假冒偽劣產品與正規管道的產品混在一起銷售，掠奪合法產品的市場佔有率，打擊其他經銷商對品牌的信心。

心得欄 ------------------------------

----

12 解決竄貨問題

　　一旦發現竄貨，就馬上採取措施著手解決，如果不及時解決竄貨，很有可能使管道崩潰。

1. 成立市場監督部門

　　廠家要設立專門的市場稽查部，派專人在各個區域市場進行產品監察，對該區域市場內的發貨管道，各經銷商的進貨來源、進貨價格、庫存量、銷售量、銷售價格等瞭解清楚，隨時向廠家報告，這樣一旦發生竄貨現象，市場稽查部就可以馬上發現異常，使廠家能在最短時間對竄貨做出反應。

2. 內部監督進行雙回路管理

　　對公司的內部人員，包括區域市場銷售經理及業務員進行監督，可採用雙回路管理辦法，即督導線與執行線分開，督導線在暗，執行線在明，督導線人員由廠家直接控制，對執行線情況隨時上報，並且督導線人員也要定期更換，避免其與銷售人員沆瀣一氣，欺騙企業。

3. 外部監督調查與預測並行

　　對外部的監督，應堅持調查與預測並行的辦法，由專門的市場稽查部門對市場上各經銷商產品做準確調查，防止不同市場上產品的流動。同時，企業的市場預測系統也能從數據上反映出市場的異常。

4. 嚴懲竄貨行為

　　對經銷商，首先要向其申明竄貨的危害，一旦發現竄貨，就可

採用多種手段來執行處罰，如扣其保證金、年終返利取消，嚴重者取消經銷資格等。

5.加強營銷費用控制

兩地營銷費用的差額過大是產生竄貨的直接原因，廠家要想避免竄貨，加強對營銷費用的控制是重要的一個環節。

⑴費用要軟硬兼顧。廠家對新市場提供的營銷費用應堅持軟硬適當，以硬爲主的原則。軟，就是現金的投入，如對區域銷售經理及經銷商用現金支付的廣告促銷費用等；硬，就是廠家對經銷商的硬體支援力度，如配給送貨車、廠家直接發放業務員工資、廠家承擔區域廣告促銷費用等。廠家堅持以硬爲主，就可有效降低營銷費用的流動性，從而避免竄貨的發生，而少量的軟性費用則可用來吸引經銷商的加盟。

⑵控制銷售經理對營銷費用的審批許可權。廠家要降低銷售經理的許可權範圍，細化營銷費用的使用上報制度，每一筆營銷費用的使用，要提前經總部審批後，區域主管方可支配使用，從而達到控制營銷費用使用的目的。

⑶對經銷商制訂的促銷計劃做出評估，對促銷預算進行考核，防止營銷費用誤花、亂花、胡花、瞎花，甚至中飽私囊。

6.建立危機預警機制

即在有效的市場調查的基礎上，建立並完善一系列危機預警制度。

⑴建立固定的銷售網路結構。企業可按行政區域劃分總經銷商的市場範圍(區域市場的劃分不可重疊)，在相鄰區域設立不同的總經銷商，以堵住產生跨區銷售行爲的漏洞。如果企業已經確立了總經銷商，就不可輕易對其進行更換，應保持相關區域銷售網路的相

對穩定，還要建立一套完善的管理總經銷商的制度，嚴格禁止其向其他市場擴張，另外，要在深入市場調查的前提下選擇並設立經銷商，切記不可盲目選擇設定。

(2)完善銷售管道價格政策。這裏所說的銷售管道價格政策主要是指在銷售網路內部實行級差價格體系，包括總經銷價、出廠價、批發價、團體批發價和零售價，以保證每一層次，每一環節的經銷商都能通過銷售產品獲得相應利潤。在這裏應注意兩點：

①廠家應嚴格保密總經銷價格，以保障總經銷商的利潤；

②總經銷商對批發商執行出廠價，對零售商執行批發價，對團體消費者實行團體批發價，對個人消費者實行零售價，以保障批發商的利潤。

(3)建立完善的網路制度管理體系，把總經銷商的銷售活動限定在他自己的市場區域內；保證各地總經銷商在進貨時都能享受同一價格；發現經銷商有跨區銷售行為時，取消他的年終返利資格……運用各種手段，採取各種措施，制止跨區銷售。

例如，某生產酒的公司建立了一套市場預測系統，具體做法是通過準確的市場調查，收集盡可能多的市場信息。建立起市場信息數據庫，然後通過合理的推算，估算出各個區域市場的未來進貨量區間。一旦個別區域市場進貨情況發生暴漲或暴跌，超出了廠家的估算範圍，就可初步判定該市場存在的問題，廠家就可馬上對此做出反應。如假設 A、B 兩市場相鄰，A 市場近 5 個月內銷量為 90、100、105、107、108；B 市場近 5 個月為 40、50、45、43、52，而下個月 B 市場的進貨量突然增至 90，而 A 市場進貨量出現大幅下挫，則廠家就可初步判定 B 市場有向 A 市場竄貨的嫌疑，並可隨之做出反應。

(4)供貨及時。供貨要及時，以滿足分公司、經銷商(中間商)及業務員的需要，消除分公司、經銷商(中間商)及業務員因沒貨而竄貨的可能，降低危機幾率。

7. 加強企業內部管理

竄貨之所以隱蔽性強，難以發覺，最主要的原因就是廠家內部人員參與竄貨並在竄貨過程中得到了較高的利益，對於這種情況，企業一方面要完善內部制度，對內部人員實行監控；另一方面要加強對區域內銷售人員的教育、培訓，向他們灌輸竄貨對廠家及個人的利害關係這一思想。

8. 提高產品技術層次

提高產品的技術含量，加大包裝力度，設立防偽標識。假冒偽劣產品的衝擊也是管道竄貨危機產生的原因，為什麼你的產品會有類似的冒牌品出現呢？很重要的原因就在於你的產品技術含量較低，包裝不是太先進，易於模仿。要想提高產品在市場上的流通效率，減少因此種原因引發危機的可能性，就要提高產品的技術含量，加大包裝力度，設立防偽標識，以有效的、積極的態度及策略應對市場，提高產品在市場上的競爭力。

9. 加強管道成員培訓

即加強對自身及經銷商的培訓，提高相關素質，做好關係營銷管理。

(1)對自身人員的培訓

導致管道竄貨發生的原因，有許多都是企業引起的，比如不瞭解用戶，不瞭解企業的政策，不瞭解市場等，企業很有必要對內部加強工作培訓，向他們灌輸產品知識、企業的制度和政策、市場的重要性等，以加強他們與員工、經銷商的溝通能力，提高他們的決

策水準，為企業向良好的方向發展奠定基礎。

員工是企業最重要的組成部分，是企業的生力軍，員工的素質對外決定著企業形象的好壞，對內是提高整體水準的關鍵。前面講過，業務員與經銷商勾結，是管道竄貨生成的原因之一，為什麼員工會與「外人」勾結？拋開企業決策者或決策的影響，很重要的一個因素就是業務員素質不高，沒有良好的職業道德素質，沒有與企業同呼吸共患難的意識，所以，一定要加強對員工的培訓，讓他們瞭解企業，認識企業的政策，提高他們的業務素質和與客戶的溝通能力。

(2) 加強與經銷商的溝通

經銷商是企業銷售管道中關鍵的一環，是銷售管道順暢的重要因素。企業一定要加強對經銷商的培訓與溝通工作，增強經銷商的市場保護意識，提高經銷商的素質，增強其與市場「惡勢」的抗衡能力，和經銷商搞好協作關係，將管道竄貨機率降到最低。

心得欄

13 商品鋪貨的出貨控制

　　某汽車公司針對其轄下的小經銷點，爲確保新產品上市成功，並能如期、如數收回貨款，新產品上市後的對經銷商出貨，必須釐訂辦法，加強催收經銷商的貨款。下列爲汽車公司的出貨控制重點：

　　　設立辦事處，實行辦事處經理負責制，原則上只以地級市爲單位設立總經銷商。每個地級市只設一個總經銷商，總經銷商由辦事處經理直接管理，地區總經銷下面以縣爲單位設立分銷商，一個縣僅設一個分銷商，由辦事處轄區經理直接管理。

1. 簽約

　　⑴凡成爲公司產品經銷商的客戶，必須與公司簽定經銷協議書，協議內容見《經銷協議書》。

　　⑵契約的重要原則：

　　①款到發貨，明確付款方式。

　　②批發價格必須按照我公司規定的價格執行。

　　③界定銷售範圍和銷售目標。

　　④向公司提供營業執照，稅務登記證，法人代表身份證影印件或法人委托書等。

2. 抵押及擔保

　　⑴合作期在半年以上，信譽好，市場發展快，運作好的經銷可以享有一定數量展示的鋪貨或信用額度。

　　⑵所有享有鋪貨或信用額信用期的經銷商，原則上要求交付不低於信用額的抵押物品（如房產），或委托有實力的法人擔保（需經我

公司評估並認定），無論擔保還是抵押均要通過法律程序。

3.價格控制

任何類型的經銷商，必須按照公司規定的批零價格銷售，且只能在本轄區內銷售，不得以低於公司規定的批零價格向其他市場供貨。

4.交易

交易必須按合約執行，不到款不發貨，特殊情況需總經理特批。

5.退貨規定

為保證經銷商的利益，我公司實行退換制度

⑴凡消費者使有質量問題退回的產品，可以退換且運輸費由我公司承擔。

⑵因運輸受損的產品（含包裝受損），可以退換且運輸費由我司承擔。

⑶非上述因素導致損壞產品的內外包裝者一律不退。

6.獎罰制度

⑴高額獎勵回扣制度。

⑵實行豐厚的年終獎勵制度：最高點數為銷售付款總　款的 4—6%，具體獎勵數由公司考核後確定，考核的指標為是否達到該年銷售付款指標、銷售指標、是否衝擊市場、是否按照公司規定的價格銷售。

7.非正常應收款

超過合約信用期（無合約規定，但超過 30 天者）一律列為非正常應收款。處理方法是銷售會計應於非正常應收款界定之日起 3 天內將明細表列交銷售總監追核，而銷售總監應於界定之日起三十天內監督大區經理解決。

299

8. 催收款

非正常應收款於界定之日起 30 天內未收回者即轉爲催收款。處理方法是：

⑴非正常應收款轉爲催收款的第三天銷售部向客戶發催款通知單，大區經理向銷售總監局面提交未能回收的報告（原因及對策），上呈總經理並且停止給該經銷商供貨。

⑵凡每筆催收款在 30 天內未收回者，銷售總監、大區經理、辦事處經理（含主管）均給予罰金處罰。

經銷商有下列所述的情況，其貨款列爲準呆帳。

⑴經銷商已宣告倒閉或未正式宣布倒閉，但其症狀已漸明顯者；

⑵經銷商因他案受法院查封，存在貨款已無法清償的可能性者；

⑶支付貨款的票據一再退票，而無令人可相信的理由者，並已停止供貨 1 個月以上者，即列爲催收款之日起 30 天未回收者，處理方法是：

①準呆帳的處理以所屬大區域經理負責，至於所需配合的法律程序，由市場部法務人員，銷售部銷售會計協辦。

②移送市場部配合處理的時機：準呆帳第 1.2 兩款的情形，應於知悉後即日簽送市場部配合處理，第 3 款的情形，由銷售總監召集有關人士研究後處理，有依法處理的必要時交市場部依法處理。

③正式採用法律途徑以前的調解，由市場部法務人員會同辦事處經理，銷售會計前往處理。

⑷法律程序的進行，由法務人員專案辦理。

⑸準呆帳的檢討：

準呆帳移送市場部後，由市場部呈報總經理並擇時召集營銷。

人員檢討案件的前因後果，作爲前車之鑑，並評述有關人員是否失職。

⑹準呆帳處罰辦法：

由於不可抗力因素產生的準呆帳以及公司允許的範圍內產生的準呆帳例外（呆帳率爲 1%），每筆準呆帳的產生，根據責任大小由經手人（辦事處經理）承擔呆帳額 2—10%的罰金，大區經理承擔 1—5%的罰金，其他分管領導負相應的領導責任，在當月效益工資或年終獎中扣罰。

14 退 貨 處 理

經銷商管理三大棘手難題：一是貨款難收，二是退貨難處理，三是竄貨難控制。

中小企業由於資金、品牌效應等問題存在不足，而壓貨風險由廠家承擔，經銷商沒有任何壓力，進貨行爲也就變得草率、隨意和不負責任。比如經常在旺季無所顧忌地大量囤貨和大量鋪貨，淡季又是大量退貨。大量完好的產品發給經銷商，退回來時已經「面目全非」，成了不能再鋪貨的過期、破損品，而且嚴重誤導了廠家的生產決策、原料採購，讓廠家付出了慘痛的代價。爲了謀求發展，廠家對這些問題也只能睜一隻眼閉一隻眼，任人宰割。競爭越激烈的行業，越是如此。有沒有什麼方式可以比較合理地處理這個問題呢？首先，讓我們來辯證地看待經銷商的退換貨問題。

一、看待經銷商的退貨問題

在企業初創階段，或者一個新牌子初上市時，常有對經銷商「不好銷包退」的承諾，甚至願意先發貨給經銷商、賣完產品才回款，真實目的是消除經銷商接納新牌子的顧慮，讓其感覺到合作無風險。即使如此，由於是新品牌，經銷商剛開始是會有市場考慮的，不會大量盲目地囤貨（當然有個別想騙一筆貨款者另當別論），所以該時期的這種做法會對廠家產生非常正面的效應。

所謂經銷商退貨問題，其實很多是產生在合作的中後期。主要原因是由於廠家沒有一個比較前瞻的導引機制，只關注對經銷商簽單前的心理安撫，沒有對合作之後各時期的退換貨設定一個分階段的管理控制政策。比如，某企業頒佈了這樣的規定：合作之後半年內，如果乙方（經銷商）決定放棄經銷權，終止合作，廠家無條件接受乙方的全部全額退貨。半年之後退貨，則在原進貨價基礎上沖減一定比例的包裝損失費。如此，站在經銷商的角度，因為有 6 個月的推廣週期，這個新牌子能不能做，自然已見分曉；如果不好做，經銷商就可以在這個安全期內選擇放棄經銷權，把餘貨全部退回廠家。站在廠家的角度，既解決了經銷商簽單前的心理顧慮，達成了合作，又為今後的合作埋下了一個完美的伏筆。其實很多經銷商都是做小生意逐漸發展起來的，能有今天並不容易。所以當你要求讓他合理承擔包裝的一點損失時，他向你進貨的時候就會理性多了。

所以要特別強調辯證地看待經銷商的退貨問題。有些廠家在深受退貨之害後，硬性要求經銷商承擔比如 30%～50%的退貨品的損失，很容易引起經銷商的強烈反感。所以處理的訣竅就是適當地讓

經銷商也為退貨買點小單，但又要合情合理，經銷商能夠接受，這樣政策才有執行的意義。

另外，很多退貨損失都是可以避免或者通過加強管理來減少損失的。因此，有必要先來瞭解一下在什麼情況下會產生經銷商退貨，才能做到區別對待，辯證地管理，前瞻性地控制。比如，因為廠家沒有及時掌握經銷商的庫存，而經銷商自身的庫存管理意識又很淡薄，造成的某些品項的過期、積壓品，跟經銷商經過努力推廣仍然積壓的不適銷品種，性質是完全不同的！

二、經銷商產生退換貨的幾種情況

1. 經銷商退換貨的原因

主要表現有：經銷商經過努力推廣，仍然積壓的不適銷品種；經銷商市場行為缺乏理性，特別是在廠家有包退的承諾時，盲目進貨造成的過期或積壓品；經銷商主觀上認為不好銷的品種；經銷商沒有主動推廣而造成的過期或積壓品；合作之前廠家對經銷商評估失誤，由於資源或網路有限造成的過期或積壓品；品質問題、運輸破損等造成無法鋪貨的、需要退換的不良品；廠商合約終止時，經銷商倉庫的壓貨，以及下線網路可能產生的退換貨品。因此，廠家要在平日做好基礎管理工作，通過各種方式來降低或避免大部份的退貨損失。

2. 限制退貨對經銷商也有好處

(1)可以提高經銷商的經營管理能力和成本意識。

(2)可以催生產品的真正市場潛力，為客戶拓寬盈利機會。比如很多品種放在客戶那裏，下面的分銷商要什麼，他就賣什麼，很少

主動地推薦其他的產品。但是如果你給他限制一個退貨量，如每個新產品必須至少留一件，對半件絕不退貨，他有了壓力就會主動去推銷。很多「明星產品」就是在這樣的情況下產生的。同樣是這些產品，你在櫃檯陳列 10 個品種，賣的好的就只有 2～3 個；而如果你陳列的品種增加到 30 個甚至 50 個，好銷的品種就會有 10 個或者更多！所以一定品種的產品齊全陳列，有利於催生明星產品，有的品種還能給經銷商帶來長達好幾年的收益。

三、經銷商退貨的處理

限制經銷商退貨要講究手段，達到控制效果又不要讓經銷商產生很大壓力。訣竅就是讓他適當分擔一點「心理損失」。所謂「心理損失」，就是讓經銷商感覺到他也有損失在裏面，比如要求經銷商承擔每件退貨產品的包裝損失費和運費，雖然不多，卻能讓他主動關注壓貨問題。至於退貨產生的實際損失，不能硬性要求經銷商分擔多少比例。

很多廠家以為只有讓經銷商分擔一定比例的損失，才是合情合理的。結果往往適得其反。所以我們強調處理的目的是提高經銷商理性進貨意識，減少盲目囤貨，讓經銷商站在利益一致的立場，主動去做好自己的庫存管理。

1. 退換貨問題的處理原則

要講究專業和方法。不是經銷商要退什麼就給退什麼。根據退貨情況，必須退的一定要退，不該退的就不要退或少退。如客戶在當地經過努力確實無法鋪貨的品項，應及時支持調換；相反，給他適當壓貨客戶才有壓力，經銷商自己的錢壓在倉庫，雖然不多，但

是他處理的主動性和動機就不一樣了。兼顧雙方的利益和責任，才有可能真正解決問題。

2.處理退貨要避免偏失

切忌在制定政策時的兩個極端：一是犧牲廠家利益一味遷就經銷商，最後演變成令廠家也承受不了的長期、沉重負擔。這種情況多發生在公司初創階段，急需鋪貨網路時期的政策。要把握好「安全期」和「安全期」之後的退貨政策的連續性和適當彈性，達到「魚和熊掌兼收之功效」。最好在合作時雙方達成共識，並體現在合約裏面。二是當廠家意識到這種情況不能再延續時，往往自恃已經有了市場基礎，制定政策時便大幅調整為以維護廠家利益為主，導致很多經銷商一時適應不了便紛紛倒戈，轉向做其他競爭品，同樣對公司業務造成嚴重傷害。

3.限制退換貨的常見方法

時間限制：對客戶進貨後在不同時間段的退換貨行為，按照時間段區別對待的管理措施，一般分為安全期和非安全期。如新客戶進貨 6 個月內可無條件退換，之後退貨則按事先約定的規則適當打折。

品項限制：對某些特定品種如特價或者贈送的產品，如果不是品質問題，則不退換。

數量限制：對每個時期（如每月、每季）經銷商的產品退換制訂一個限制數量，如限制退貨件數。

單品最低壓貨數量限制：每單品經銷商必須有最低庫存數量，在此存量範圍內不退貨。比如經銷商必須保持廠家的產品品種齊全，最低在一件或半件的數量範圍內不能退換。實際上是給經銷商一點壓力，使其主動去推薦產品，不要主觀上覺得什麼品種好銷什

麼品種不好銷。當然最後證明實在不好銷的品項，廠家要及時幫經銷商處理或退貨。

退換金額限制：對每個時期（如每月、每季）經銷商的產品退換制訂一個限制金額。

總之，對於政策制訂者而言，無論你在何種時期，何種情況下進行政策制訂，一定要講究方法，講究策略，符合自己的實際情況，既要達成調整目標，又不要影響客戶鋪貨業績的持續成長。

以下是某化妝品公司合約條款中關於退貨的規定。（文中「乙方」為經銷商，「甲方」為廠家）。

品質問題退換：產品保質期內，若發現非人為的品質問題，如黴變、變質（乙方自身人為的品質問題及二次污染導致的變色、變質不在此列），遵循逐級退換的原則，即連鎖店向乙方退換，運費由乙方負責；乙方向甲方退換，運費由甲方負責。良品調換：乙方在產品不存在品質問題的前提下需要調換產品或者退貨，按以下規則進行處理，產生運費由乙方承擔：

⑴首貨自發貨之日起 6 個月內享有每單品 90%的等價調換貨服務（即數量限制，不能讓經銷商連樣品都給你退回來）；但如果終止合約，甲方無條件接受乙方 100%等價退貨；

⑵6 個月至 1 年內享有每單品積壓庫存 80%的調換貨服務（註：數量限制），並在原進價基礎上按 9.5 折計算退貨金額。乙方適當分擔因為退貨產生的包裝損失（註：讓經銷商可以接受的、又能引起他注意的「心理損失」）；

⑶1 年之後需要退換的貨品，在原進價基礎上按 8 折計算退貨金額；

⑷距有效期滿 12 個月（含）以內或過期的產品不予退貨。

臺灣的核心競爭力，就在這裏!

圖 書 出 版 目 錄

下列圖書是由臺灣的憲業企管顧問(集團)公司所出版，秉持專業立場，特別注重實務應用，50餘位顧問師為企業界提供最專業的各種經營管理類圖書。

1. 傳播書香社會，直接向本出版社購買，一律9折優惠，郵遞費用由本公司負擔。服務電話(02)27622241　(03)9310960　　傳真(03)9310961
2. 付款方式：請將書款轉帳到我公司下列的銀行帳戶。
   ・銀行名稱：合作金庫銀行（敦南分行）　帳號：**5034-717-347447**
   　公司名稱：憲業企管顧問有限公司
   ・郵局劃撥號碼：**18410591**　郵局劃撥戶名：憲業企管顧問公司
3. 本公司隨時出版內容更新的新版書，各種圖書出版資料隨時更新，請見

公司網站 www.bookstore99.com

～～～～経營顧問叢書～～～～

263	微利時代制勝法寶	360 元
264	如何拿到 VC（風險投資）的錢	360 元
265	如何撰寫職位說明書	360 元
267	促銷管理實務〈增訂五版〉	360 元
268	顧客情報管理技巧	360 元
269	如何改善企業組織績效〈增訂二版〉	360 元
270	低調才是大智慧	360 元
272	主管必備的授權技巧	360 元
275	主管如何激勵部屬	360 元
276	輕鬆擁有幽默口才	360 元
277	各部門年度計劃工作（增訂二版）	360 元
278	面試主考官工作實務	360 元
279	總經理重點工作（增訂二版）	360 元
282	如何提高市場佔有率（增訂二版）	360 元
283	財務部流程規範化管理（增訂二版）	360 元
284	時間管理手冊	360 元
285	人事經理操作手冊（增訂二版）	360 元
286	贏得競爭優勢的模仿戰略	360 元
287	電話推銷培訓教材（增訂三版）	360 元
288	贏在細節管理（增訂二版）	360 元
289	企業識別系統 CIS（增訂二版）	360 元
290	部門主管手冊（增訂五版）	360 元
291	財務查帳技巧（增訂二版）	360 元
292	商業簡報技巧	360 元
293	業務員疑難雜症與對策（增訂二版）	360 元
294	內部控制規範手冊	360 元
295	哈佛領導力課程	360 元
296	如何診斷企業財務狀況	360 元
297	營業部轄區管理規範工具書	360 元
298	售後服務手冊	360 元
299	業績倍增的銷售技巧	400 元

300	行政部流程規範化管理（增訂二版）	400 元
301	如何撰寫商業計畫書	400 元
302	行銷部流程規範化管理（增訂二版）	400 元
303	人力資源部流程規範化管理（增訂四版）	420 元
304	生產部流程規範化管理（增訂二版）	400 元
305	績效考核手冊(增訂二版)	400 元
306	經銷商管理手冊(增訂四版)	420 元
307	招聘作業規範手冊	420 元
308	喬‧吉拉德銷售智慧	400 元
309	商品鋪貨規範工具書	400 元
310	企業併購案例精華(增訂二版)	420 元

《商店叢書》

10	賣場管理	360 元
18	店員推銷技巧	360 元
30	特許連鎖業經營技巧	360 元
35	商店標準操作流程	360 元
36	商店導購口才專業培訓	360 元
37	速食店操作手冊〈增訂二版〉	360 元
38	網路商店創業手冊〈增訂二版〉	360 元
40	商店診斷實務	360 元
41	店鋪商品管理手冊	360 元
42	店員操作手冊（增訂三版）	360 元
43	如何撰寫連鎖業營運手冊〈增訂二版〉	360 元
44	店長如何提升業績〈增訂二版〉	360 元
45	向肯德基學習連鎖經營〈增訂二版〉	360 元
46	連鎖店督導師手冊	360 元
47	賣場如何經營會員制俱樂部	360 元
48	賣場銷量神奇交叉分析	360 元
49	商場促銷法寶	360 元
50	連鎖店操作手冊（增訂四版）	360 元
51	開店創業手冊〈增訂三版〉	360 元
52	店長操作手冊（增訂五版）	360 元

53	餐飲業工作規範	360 元
54	有效的店員銷售技巧	360 元
55	如何開創連鎖體系〈增訂三版〉	360 元
56	開一家穩賺不賠的網路商店	360 元
57	連鎖業開店複製流程	360 元
58	商鋪業績提升技巧	360 元
59	店員工作規範（增訂二版）	400 元
60	連鎖業加盟合約	

《工廠叢書》

9	ISO 9000 管理實戰案例	380 元
10	生產管理制度化	360 元
13	品管員操作手冊	380 元
15	工廠設備維護手冊	380 元
16	品管圈活動指南	380 元
17	品管圈推動實務	380 元
20	如何推動提案制度	380 元
24	六西格瑪管理手冊	380 元
30	生產績效診斷與評估	380 元
32	如何藉助 IE 提升業績	380 元
35	目視管理案例大全	380 元
38	目視管理操作技巧(增訂二版)	380 元
46	降低生產成本	380 元
47	物流配送績效管理	380 元
49	6S 管理必備手冊	380 元
51	透視流程改善技巧	380 元
55	企業標準化的創建與推動	380 元
56	精細化生產管理	380 元
57	品質管制手法〈增訂二版〉	380 元
58	如何改善生產績效〈增訂二版〉	380 元
67	生產訂單管理步驟〈增訂二版〉	380 元
68	打造一流的生產作業廠區	380 元
70	如何控制不良品〈增訂二版〉	380 元
71	全面消除生產浪費	380 元
72	現場工程改善應用手冊	380 元
75	生產計劃的規劃與執行	380 元
77	確保新產品開發成功（增訂四版）	380 元
78	商品管理流程控制(增訂三版)	380 元

79	6S 管理運作技巧	380 元
80	工廠管理標準作業流程〈增訂二版〉	380 元
81	部門績效考核的量化管理（增訂五版）	380 元
82	採購管理實務〈增訂五版〉	380 元
83	品管部經理操作規範〈增訂二版〉	380 元
84	供應商管理手冊	380 元
85	採購管理工作細則〈增訂二版〉	380 元
86	如何管理倉庫（增訂七版）	380 元
87	物料管理控制實務〈增訂二版〉	380 元
88	豐田現場管理技巧	380 元
89	生產現場管理實戰案例〈增訂三版〉	380 元
90	如何推動 5S 管理（增訂五版）	420 元
91	採購談判與議價技巧	420 元
92	生產主管操作手冊(增訂五版)	420 元
93	機器設備維護管理工具書	420 元

《醫學保健叢書》

1	9 週加強免疫能力	320 元
3	如何克服失眠	320 元
4	美麗肌膚有妙方	320 元
5	減肥瘦身一定成功	360 元
6	輕鬆懷孕手冊	360 元
7	育兒保健手冊	360 元
8	輕鬆坐月子	360 元
11	排毒養生方法	360 元
13	排除體內毒素	360 元
14	排除便秘困擾	360 元
15	維生素保健全書	360 元
16	腎臟病患者的治療與保健	360 元
17	肝病患者的治療與保健	360 元
18	糖尿病患者的治療與保健	360 元
19	高血壓患者的治療與保健	360 元
22	給老爸老媽的保健全書	360 元
23	如何降低高血壓	360 元
24	如何治療糖尿病	360 元
25	如何降低膽固醇	360 元

26	人體器官使用說明書	360 元
27	這樣喝水最健康	360 元
28	輕鬆排毒方法	360 元
29	中醫養生手冊	360 元
30	孕婦手冊	360 元
31	育兒手冊	360 元
32	幾千年的中醫養生方法	360 元
34	糖尿病治療全書	360 元
35	活到 120 歲的飲食方法	360 元
36	7 天克服便秘	360 元
37	為長壽做準備	360 元
39	拒絕三高有方法	360 元
40	一定要懷孕	360 元
41	提高免疫力可抵抗癌症	360 元
42	生男生女有技巧〈增訂三版〉	360 元

《培訓叢書》

11	培訓師的現場培訓技巧	360 元
12	培訓師的演講技巧	360 元
14	解決問題能力的培訓技巧	360 元
15	戶外培訓活動實施技巧	360 元
17	針對部門主管的培訓遊戲	360 元
20	銷售部門培訓遊戲	360 元
21	培訓部門經理操作手冊（增訂三版）	360 元
22	企業培訓活動的破冰遊戲	360 元
23	培訓部門流程規範化管理	360 元
24	領導技巧培訓遊戲	360 元
25	企業培訓遊戲大全(增訂三版)	360 元
26	提升服務品質培訓遊戲	360 元
27	執行能力培訓遊戲	360 元
28	企業如何培訓內部講師	360 元
29	培訓師手冊（增訂五版）	420 元
30	團隊合作培訓遊戲(增訂三版)	420 元

《傳銷叢書》

4	傳銷致富	360 元
5	傳銷培訓課程	360 元
7	快速建立傳銷團隊	360 元
10	頂尖傳銷術	360 元
12	現在輪到你成功	350 元
13	鑽石傳銷商培訓手冊	350 元

14	傳銷皇帝的激勵技巧	360 元
15	傳銷皇帝的溝通技巧	360 元
17	傳銷領袖	360 元
19	傳銷分享會運作範例	360 元
20	傳銷成功技巧（增訂五版）	400 元

《幼兒培育叢書》

1	如何培育傑出子女	360 元
2	培育財富子女	360 元
3	如何激發孩子的學習潛能	360 元
4	鼓勵孩子	360 元
5	別溺愛孩子	360 元
6	孩子考第一名	360 元
7	父母要如何與孩子溝通	360 元
8	父母要如何培養孩子的好習慣	360 元
9	父母要如何激發孩子學習潛能	360 元
10	如何讓孩子變得堅強自信	360 元

《成功叢書》

1	猶太富翁經商智慧	360 元
2	致富鑽石法則	360 元
3	發現財富密碼	360 元

《企業傳記叢書》

1	零售巨人沃爾瑪	360 元
2	大型企業失敗啟示錄	360 元
3	企業併購始祖洛克菲勒	360 元
4	透視戴爾經營技巧	360 元
5	亞馬遜網路書店傳奇	360 元
6	動物智慧的企業競爭啟示	320 元
7	CEO 拯救企業	360 元
8	世界首富 宜家王國	360 元
9	航空巨人波音傳奇	360 元
10	傳媒併購大亨	360 元

《智慧叢書》

1	禪的智慧	360 元
2	生活禪	360 元
3	易經的智慧	360 元
4	禪的管理大智慧	360 元
5	改變命運的人生智慧	360 元
6	如何吸取中庸智慧	360 元
7	如何吸取老子智慧	360 元
8	如何吸取易經智慧	360 元

9	經濟大崩潰	360 元
10	有趣的生活經濟學	360 元
11	低調才是大智慧	360 元

《DIY 叢書》

1	居家節約竅門 DIY	360 元
2	愛護汽車 DIY	360 元
3	現代居家風水 DIY	360 元
4	居家收納整理 DIY	360 元
5	廚房竅門 DIY	360 元
6	家庭裝修 DIY	360 元
7	省油大作戰	360 元

《財務管理叢書》

1	如何編制部門年度預算	360 元
2	財務查帳技巧	360 元
3	財務經理手冊	360 元
4	財務診斷技巧	360 元
5	內部控制實務	360 元
6	財務管理制度化	360 元
8	財務部流程規範化管理	360 元
9	如何推動利潤中心制度	360 元

為方便讀者選購，本公司將一部分上述圖書又加以專門分類如下：

《企業制度叢書》

1	行銷管理制度化	360 元
2	財務管理制度化	360 元
3	人事管理制度化	360 元
4	總務管理制度化	360 元
5	生產管理制度化	360 元
6	企劃管理制度化	360 元

《主管叢書》

1	部門主管手冊（增訂五版）	360 元
2	總經理行動手冊	360 元
4	生產主管操作手冊（增訂五版）	420 元
5	店長操作手冊（增訂五版）	360 元
6	財務經理手冊	360 元
7	人事經理操作手冊	360 元
8	行銷總監工作指引	360 元
9	行銷總監實戰案例	360 元

《總經理叢書》

1	總經理如何經營公司(增訂二版)	360 元
2	總經理如何管理公司	360 元
3	總經理如何領導成功團隊	360 元
4	總經理如何熟悉財務控制	360 元
5	總經理如何靈活調動資金	360 元

《人事管理叢書》

1	人事經理操作手冊	360 元
2	員工招聘操作手冊	360 元
3	員工招聘性向測試方法	360 元
4	職位分析與工作設計	360 元
5	總務部門重點工作	360 元
6	如何識別人才	360 元
7	如何處理員工離職問題	360 元
8	人力資源部流程規範化管理（增訂四版）	420 元
9	面試主考官工作實務	360 元
10	主管如何激勵部屬	360 元
11	主管必備的授權技巧	360 元
12	部門主管手冊（增訂五版）	360 元

《理財叢書》

1	巴菲特股票投資忠告	360 元
2	受益一生的投資理財	360 元
3	終身理財計劃	360 元
4	如何投資黃金	360 元
5	巴菲特投資必贏技巧	360 元
6	投資基金賺錢方法	360 元
7	索羅斯的基金投資必贏忠告	360 元
8	巴菲特為何投資比亞迪	360 元

《網路行銷叢書》

1	網路商店創業手冊〈增訂二版〉	360 元
2	網路商店管理手冊	360 元
3	網路行銷技巧	360 元
4	商業網站成功密碼	360 元
5	電子郵件成功技巧	360 元
6	搜索引擎行銷	360 元

《企業計劃叢書》

1	企業經營計劃〈增訂二版〉	360 元
2	各部門年度計劃工作	360 元

3	各部門編制預算工作	360 元
4	經營分析	360 元
5	企業戰略執行手冊	360 元

《經濟叢書》

1	經濟大崩潰	360 元
2	石油戰爭揭秘(即將出版)	

在海外出差的………
台灣上班族

　　愈來愈多的台灣上班族，到海外工作（或海外出差），對工作的努力與敬業，是台灣上班族的核心競爭力；一個明顯的例子，返台休假期間，台灣上班族都會抽空再買書，設法充實自身專業能力。

　　[憲業企管顧問公司]以專業立場，為企業界提供最專業的各種經營管理類圖書。

　　85%的台灣上班族都曾經有過購買（或閱讀）[憲業企管顧問公司]所出版的各種企管圖書。

　　建議你：工作之餘要多看書，加強競爭力。

建立企業圖書館

當市場競爭激烈時：

培訓員工，強化員工競爭力
是企業最佳對策

「人才」是企業最大的財富。如何提升人才，是企業永續經營、戰勝對手的核心競爭力。積極培訓公司內部員工，是經濟不景氣時期的最佳戰略，而最快速的具體作法，就是「建立企業內部圖書館，鼓勵員工多閱讀、多進修專業書籍」

建議您：請一次購足本公司所出版各種經營管理類圖書，作為貴公司內部員工培訓圖書。使用率高的（例如「贏在細節管理」），準備 3 本；使用率低的（例如「工廠設備維護手冊」），只買 1 本。

經營顧問叢書 ⑨   售價：400 元

商品鋪貨規範工具書

西元二〇一四年十二月	增訂三版一刷
西元二〇〇九年四月	二版一刷
西元二〇〇六年三月	初版一刷

編著：黃憲仁　任賢旺　吳清南

策劃：麥可國際出版有限公司（新加坡）

編輯：蕭玲

校對：劉飛娟

發行人：黃憲仁

發行所：憲業企管顧問有限公司

電話：(02) 2762-2241　　(03) 9310960　　0930872873

電子郵件聯絡信箱：huang2838@yahoo.com.tw

銀行 ATM 轉帳：合作金庫銀行　　帳號：5034-717-347447

郵政劃撥：18410591　　憲業企管顧問有限公司

江祖平律師顧問：紙品書、數位書著作權與版權均歸本公司所有

登記證：行政業新聞局版台業字第 6380 號

本公司徵求海外版權出版代理商 (0930872873)